"十二五"国家重点图书出版规划项目

交通运输建设科技丛书·水运基础设施建设与养护

Application Technology Study on Navigation Hydraulics of Navigational Junction

航运枢纽通航水力学应用技术研究

李 焱 郑宝友 著

人民交通出版社股份有限公司

China Communications Press Co.,Ltd.

内 容 提 要

本书以航运枢纽工程为依托,重点从船闸及引航道布置与通航水流条件关系的角度研究通航建筑物布置问题,提出通航水流条件的改善措施和引航道的布置原则;从升船机中间渠道尺度与通航条件关系的角度研究并提出升船机中间渠道的参考尺度及确定原则。研究既有经验总结,也有一定的理论创新。

本书内容丰富、论述兼备,有大量的典型工程案例,可供从事水利与航运枢纽通航水力学专业的设计和科研人员使用参考,也可供相关专业的大专院校师生参阅。

图书在版编目(CIP)数据

航运枢纽通航水力学应用技术研究 / 李焱,郑宝友著. —北京:人民交通出版社股份有限公司,2015.6
ISBN 978-7-114-12201-9

Ⅰ. ①航… Ⅱ. ①李… ②郑… Ⅲ. ①水利枢纽—水力学—研究 Ⅳ. ①TV135.1

中国版本图书馆 CIP 数据核字(2015)第 079653 号

"十二五"国家重点图书出版规划项目
交通运输建设科技丛书·水运基础设施建设与养护

书　　　名:航运枢纽通航水力学应用技术研究
著 作 者:李　焱　郑宝友
责 任 编 辑:曲　乐　黎小东
出 版 发 行:人民交通出版社股份有限公司
地　　　址:(100011)北京市朝阳区安定门外外馆斜街 3 号
网　　　址:http://www.ccpress.com.cn
销 售 电 话:(010)59757973
总 经 销:人民交通出版社股份有限公司发行部
经　　　销:各地新华书店
印　　　刷:北京市密东印刷有限公司
开　　　本:787×1092　1/16
印　　　张:11
字　　　数:255 千
版　　　次:2015 年 6 月　第 1 版
印　　　次:2015 年 6 月　第 1 次印刷
书　　　号:ISBN 978-7-114-12201-9
定　　　价:50.00 元
(有印刷、装订质量问题的图书由本公司负责调换)

交通运输建设科技丛书编审委员会

总　　序

近年来，交通运输行业认真贯彻落实党中央、国务院"稳增长、促改革、调结构、惠民生"的决策部署，重点改革力度加大，结构调整积极推进，交通运输科技攻关不断取得突破，促进了交通运输持续快速健康发展。目前，我国公路总里程、港口吞吐能力、全社会完成的公路客货运量、水路货运量和周转量等多项指标均居世界第一。交通运输事业的快速发展不仅在应对国际金融危机、保持经济平稳较快发展等方面发挥了重要作用，而且为改善民生、促进社会和谐做出了积极贡献。

长期以来，部党组始终把科技创新作为推进交通运输发展的重要动力，坚持科技工作面向需求，面向世界，面向未来，加大科技投入，强化科技管理，推进产学研相结合，开展重大科技研发和创新能力建设，取得了显著成效。通过广大科技工作者的不懈努力，在多年冻土、沙漠等特殊地质地区公路建设技术，特大跨径桥梁建设技术，特长隧道建设技术，深水航道整治技术和离岸深水筑港技术等方面取得重大突破和创新，获得了一系列具有国际领先水平的重大科技成果，显著提升了行业自主创新能力，有力支撑了重大工程建设，培养和造就了一批高素质的科技人才，为交通运输科学发展奠定了坚实基础。同时，部积极探索科技成果推广的新途径，通过实施科技示范工程，开展材料节约与循环利用专项行动计划，发布科技成果推广目录等多种方式，推动了科技成果更多更快地向现实生产力转化，营造了交通运输发展主动依靠科技创新，科技创新服务交通发展的良好氛围。

组织出版《交通运输建设科技丛书》，是深入实施创新驱动战略和科技强交战略，推进科技成果公开，加强科技成果推广应用的又一重要举措。该丛书分为公路基础设施建设与养护、水运基础设施建设与养护、安全与应急保障、运输服务和绿色交通等领域，将汇集交通运输建设科技项目研究形成的具有较高学术和应用价值的优秀专著。丛书的逐年出版和不断丰富，有助于集中展示和推广交通运输建设重大科技成果，传承科技创新文化，并促进高层次的技术交流、学术传播和专业人才培养。

今后一段时期是加快推进"四个交通"发展的关键时期，深入实施科技强交战略和创新驱动战略，是一项关系全局的基础性、引领性工程。希望广大交通运输科技工作者进一步解放思想、开拓创新，求真务实、奋发进取，以科技创新的新成效推动交通运输科学发展，为加快实现交通运输现代化而努力奋斗！

2014 年 7 月 28 日

前　言

我国内河航运事业历史悠久，2400 多年前，举世闻名的京杭大运河就已开始建设，作为沟通北南的水运大通道，至今仍在经济和社会发展中起着重要作用。我国也是在河流上最早建设通航建筑物的国家之一，早在公元 11 世纪就已建有简易船闸。新中国成立后，通航工程建设及水力模拟技术得到快速提高，尤其是葛洲坝水利枢纽船闸的兴建，把我国通航建筑物的建设推向世界先进行列。

进入 21 世纪以来，随着"西部大开发"以及"西电东送"战略的实施，水利水电及水运交通基础设施得到进一步发展，同时加大科技投入，为各项重大工程建设提供了有力技术支撑，践行了科学发展观思想。在这十余年来，交通运输部天津水运工程科学研究所原水工研究室承担了多项西部交通建设科技项目，本书结合相关项目的专题研究，对航运枢纽通航水力学中两个关键技术问题"船闸及引航道布置与通航水流条件"和"升船机中间渠道尺度及通航条件"进行了论述，得到了一些具有工程参考价值的研究成果。

在"船闸及引航道布置与通航水流条件的研究"篇章中，分析总结了船闸及引航道布置对通航水流条件的影响，提出了引航道与河流主航道夹角限值的建议值以及改善通航水流条件工程措施的一些基本原则。在"升船机中间渠道尺度及通航条件研究"篇章中，以龙滩和构皮滩水利枢纽多级升船机设中间渠道的通航建筑物为依托，对中间渠道的尺度及通航条件进行了系统研究，在解决依托工程技术问题的基础上，提出了升船机中间渠道的参考尺度及确定原则。

本书不仅详细论述了研究方法、技术路线和研究成果，同时也提供了一些行之有效的改善通航条件的技术措施，故可供从事水利与航运枢纽通航水力学专业的设计和科研人员及大专院校师生参阅。

本书的研究成果主要是通过模型试验得到的，所得到的结论和认识还有待于工程实践的验证。限于作者的水平和经验，本书的错误和疏漏之处在所难免，恳请读者批评指正。本书的编写和出版，得到各级领导和同事们的大力支持和帮助，在此谨向他们表示衷心的感谢。

作　者

2015 年 3 月 20 日于天津

目　　录

第1篇 船闸及引航道布置与通航水流条件的研究

船闸及引航道布置与通航水流条件是船闸建设中的一项关键技术,不仅影响航运枢纽的总体布置和投资,还影响船舶安全通畅过闸和船闸的通过能力。同时两者之间又相互影响,船闸和引航道布置是否合理,直接影响通航水流条件的优劣,反之,因通航水流条件恶劣而影响船舶(队)安全过闸时,必须采取一定的工程措施或调整船闸与引航道的布置予以改善。通航水流条件的基本概念为"在通航期内,满足船舶(队)在正常操作条件下安全通畅过闸要求,对船闸引航道、口门区及连接段的流速、流态及其分布范围的限制条件",主要包括引航道内纵、横向流速和波浪的限值,口门区及连接段纵、横向流速、回流流速以及波浪和泡漩等的限值。

影响船闸在枢纽总体布置中的因素错综复杂,必须根据工程所处的地形、地质、水文、航道、施工要求等具体条件以及其他建筑物的形式、尺寸和布置进行综合考虑,以寻求各建筑物之间合理的布置。船闸引航道口门区是过闸船舶(队)进出引航道的咽喉,受枢纽泄洪及地形边界条件的影响,容易形成斜向水流,并产生横流、回流和分离型小旋涡,使航行船舶(队)产生横移和扭转,影响航行安全,甚至造成碍航或断航,严重时会出现失控,以至发生海事事故,这在我国已建的航运枢纽中已有经验教训。如湖南五强溪和陵津滩枢纽、长江葛洲坝大江船闸等。

(1)湖南五强溪枢纽位于沅水中部,距常德 130km,于 1986 年开工,1995 年 2 月开始通航。由于船闸布置在泄水闸和电站之间,下泄水流斜向冲入口门区及连接段航道,横流、波浪都很大,坝下通航水流条件很差。五强溪枢纽设计通航流量为 10000m³/s,但当流量达到 4250m³/s 时,船舶(队)就已不能过闸。

(2)湖南陵津滩枢纽也位于沅水,枢纽以发电为主,兼顾防洪、航运。由于船闸下游引航道口门区外连接段航道中心线与水流夹角达 40°,中、洪水期纵向流速与横向流速很大,纵向流速达到 2.4～3.0m/s,横向流速达到 1.5m/s,船舶(队)根本无法通过连接段。

(3)长江葛洲坝水利枢纽大江一号船闸位于枢纽右侧,设计通航流量为 35000m³/s,由于下游390m长的导航墙未能对口门区及连接段航道起到有效隔流作用,加之下游口门区外连接段位于弯道凹岸,二江泄水闸下泄水流与航道夹角约30°,航道内存在较强斜流,实测最大横向流速达0.64m/s,致使大江一号船闸的通航流量限于20000m³/s以下,影响葛洲坝枢纽航运效益的充分发挥。

国内外工程技术和科技人员对船闸总体布置及通航水流条件进行过大量研究,研究手段包括水工物理模型结合遥控自航船模试验、数学模型计算、实船试验、现场观测等,取得了丰富的研究成果,一些成果已为相关标准和规范采用,但尽管如此,由于不同船闸工程的建设条件千差万异,新的问题也不断提出,研究工作仍在持续。

本篇的撰写基础资料为"八五"国家重点科技项目之子题"三峡工程坝区通航水流条件与通航建筑物布置优化研究(85-16-02-01-02)"、西部交通建设科技项目"西江水运主通道通航枢纽建设关键技术研究(2001 328 000 64)"之专题"那吉航运枢纽关键技术研究"、西部交通建设科技项目"内河航道通航条件关键技术研究(三期)(2006-328-000-71)"之专题"山区河流通航建筑物引航道与河流主航道夹角的研究"和项目"长洲水利枢纽三线四线船闸工程灌泄水对引航道和口门区的影响数学模型研究"的主要研究成果以及相关技术文献。

第1章　国内外研究概况

1.1　国内研究概况

在船闸引航道口门区和连接段内产生斜向水流、回流等不良流态的情况主要有以下几种：

（1）河道水流流向与引航道中心线呈一定夹角，夹角越大，斜流角度也越大；

（2）河道水流受引航道内静水的顶托，产生顺时针或逆时针的回流，流速越大，回流强度也越大；

（3）上游导航墙的分流作用，使得口门区一定范围内产生斜流；

（4）在下游引航道口门区，由于河道相对变宽，水流向口门区内扩散，产生斜流和回流。

通常衡量斜流（V）对船舶（队）航行的影响时，将其分解为平行于航线的纵向流速 V_y 和垂直于航线的横向流速 V_x，其中 $V_y = V \cdot \cos\alpha$，$V_x = V \cdot \sin\alpha$，式中，α 为斜流流向与航线的夹角。纵向流速 V_y 与航线方向一致，可以增加或减小船舶（队）的对岸航速，并影响舵效，一般要求上行船舶（队）的航速大于纵向流速。横向流速 V_x 与航线方向垂直，对船舶（队）产生横向推力 P_x 和横向漂移，横向推力 P_x 与 V_x^2 成正比，当沿船体长度方向的横流不均匀时，对船舶（队）产生扭矩 M，使船体转动。这些表现，也即通常所谓的斜流效应。

陈永奎[1-3]对引航道口门区斜流效应进行了研究，指出船舶（队）在斜流区进出引航道过程中，为保持航向，需用船舵来克服横流引起的横移和转动，用舵的效果将使船舶（队）减速并产生横移，因此，船舶（队）总横移即为横流产生的横移与船舵产生的横移之和，同时提出了横移速度 V_x^* 及横移距离 Δb 的计算公式。

对于均匀斜流场的航行船舶（队），其横移速度及横移距离的计算公式为：

$$V_x^* = \frac{B}{A}(1 - e^{-At})V_x \tag{1-1-1}$$

$$\Delta b = \frac{B}{A}\left(t + \frac{1}{A}e^{-At}\right)V_x \tag{1-1-2}$$

或

$$\Delta b = V^* t = \frac{V^* S}{(V_y - V_s)} \tag{1-1-3}$$

式中：V_x^*——横向漂移速度（m/s）；

Δb——横移距离（m）；

A、B——常量系数，与船体质量、附加质量及作用船体上的流体质量及三者相应的质流量有关；

t——水流作用于船体的时间（s）；

e——自然对数的底；

V_x——横向流速(m/s);

V_y——纵向流速(m/s);

V_s——船舶(队)的静水航速(m/s);

S——船舶(队)航行距离(m)。

对于船舶在非均匀斜流场和用船舵条件下的横移速度,可以看成均匀横向流速对应的横移速度 $\bar{V}_x^*$ 和舵分力对应的横移速度 V_{Fx}^* 两部分组成,则得到漂移速度 V_x^* 及横移距离 Δb 的计算公式为:

$$V_x^* = \bar{V}_x^* \pm V_{Fx}^* = \frac{B}{A}(1 - e^{-At})\bar{V}_x \pm \frac{1}{2b_s}(\Delta V_x)^2 \cdot t \tag{1-1-4}$$

$$\Delta b = \frac{B}{A}\left(t + \frac{1}{A}e^{-At}\right)\bar{V}_x \pm \frac{1}{2b_s}(\Delta V_x)^2 \cdot t^2 \tag{1-1-5}$$

式中:V_x^*——横移速度(m/s);

Δb——横移距离(m);

$\bar{V}_x^*$——均匀横向流速 $\bar{V}_x$ 相应的横移速度(m/s);

V_{Fx}^*——船舵分力对应的横移速度(m/s);

A、B——常量系数,与船体质量、附加质量及作用船体上的流体质量及三者相应的质流量有关;

t——水流作用于船体的时间(s);

e——自然对数的底;

$\bar{V}_x$——作用于船体上的横向流速 V_x 沿船长方向的线平均值(m/s);

ΔV_x——作用于船体上的最大横向流速 V_{xmax} 与线平均值 $\bar{V}_x$ 之差(m/s);

b_s——船舶(队)的宽度(m)。

对于上述两式的第2项,当 V_{Fx}^* 与 V_x^* 同向时取正号,反向时取负号。

在淮安水利枢纽实船试验[4]中,整理得到一顶 $4 \times 300t$ 船队和一拖 $11 \sim 13$ 驳 $50 \sim 100t$ 拖带船队的横移速度 V_x^* 与横向流速 V_x 的线性关系式为:

$$V_x^* = 1.316(V_x - C) \tag{1-1-6}$$

式中:V_x^*——横向漂移速度(m/s);

V_x——横向流速(m/s);

C——常数,对于顶推船队取 0.09,对于拖带船队取 0.07。

张仲南[5]采用概化物理模型和船模,进行了一顶四驳 300t 双列船队进入引航道的试验,根据试验资料统计,得到公式:

$$V_x^* = 1.515V_x - 0.197 \tag{1-1-7}$$

式中:V_x^*——横向漂移速度(m/s);

V_x——横向流速(m/s)。

李一兵等[6]统计了三峡工程三组通航船队模型的相关试验资料,得到横移速度 V_x^* 与横向流速 V_x 的线性关系式分别为:

三驳船队(2640HP 推轮＋3×1000t 甲板驳):

$$V_x^* = 1.533V_x - 0.020 \tag{1-1-8}$$

六驳船队(2640HP 推轮＋6×1000t 甲板驳):

$$V_x^* = 1.490V_x - 0.033 \tag{1-1-9}$$

九驳船队（2640HP 推轮＋9×1000t 甲板驳）：

$$V_x^* = 1.375V_x - 0.043 \tag{1-1-10}$$

式中：V_x^*——横向漂移速度（m/s）；

V_x——横向流速（m/s）。

从上述船舶（队）横移速度和横向流速的关系式可以看出，横移速度与横向流速成正比；对于大型船队而言，由于吨位和惯性较大，抗横流能力较强，横流对其产生的横移也相对小，小型船队则反之。

为保证船舶（队）安全通畅进出引航道，引航道口门宽度应大于船舶（队）的横移距离。当口门区横流越大，口门宽度也应越大，虽然提高航速，可以增强船舶（队）抵抗横流的能力，但也会增加引航道的长度。事实上，受工程具体条件限制，引航道长度和口门宽度会受到一定的限制，故也必须对通航水流条件进行一定的限制，提出合理的技术标准，对此，国内外学者进行了大量的研究。

我国结合京杭运河船闸，以及长江、西江、右江、嘉陵江、红水河、松花江等河流的渠化工程，对船闸布置以及通航水流条件进行了大量研究。最早在 20 世纪 50 年代京杭运河船闸建设中，通过试验得到通航水流的限制条件为：引航道口门处的纵向流速不大于 2.0～2.5m/s，横向流速不大于 0.2～0.3m/s，回流流速不大于 0.4m/s，引航道轴线与水流流向夹角不大于 20°。几十年来的运用表明，当横向流速较大时，航行就困难。70 年代对葛洲坝船闸通航水流条件进行了大量的模型和实船试验，规定了流速限值和范围，即：大江、三江船闸上游引航道口门外 500m 航道范围内纵向流速不大于 2.0m/s，横向流速不大于 0.3m/s，回流流速不大于 0.4m/s；大江下游引航道口门区的纵向流速不大于 2.5～3.0m/s，横向流速同上游；同时根据研究成果，对大江、三江上游引航道口门区以上的南津关航道进行了整治，以减弱泡漩、拓宽剪刀水，使下行船队能沿右岸进入大江船闸上游引航道，沿左岸进入三江上游引航道，三江船闸引航道多年运用表明，南津关航道整治达到了改善通航水流的预期效果，当口门区流速流态符合限值标准时，船队就能安全航行，但下游引航道口门区中心线与水流流向夹角偏大，给船队进出口门带来困难[4]。

20 世纪 80 年代，在编制《船闸设计规范》过程中，对船闸口门区通航水流条件，进行了较全面的研究，包括淮安船闸、七里垄船闸、石盘滩船闸的实船试验以及系列水工和船模试验等。在 1987 年颁布的《船闸设计规范（试行）》中，提出了口门区水面最大流速限值。在国家"七五""八五"期间[7-8]，结合三峡工程通航水流条件技术标准和总体布置，围绕着枢纽泄洪、电站调峰及船闸灌泄水，对引航道、口门区和连接段的通航水流条件，航行条件和口门区斜流效应等，进行了大量的研究，提出了相应的通航水流条件和航行标准。

21 世纪伊始，随着我国西部大开发战略的实施和航运事业的发展，设计和科研人员结合新建工程，又进行了大量的通航水流条件研究。如交通运输部天津水运工程科学研究所对那吉、株洲、大源渡、大顶子山、依兰、贵港、桂平、龙滩等枢纽工程通航水流条件进行了研究；四川省交通厅交通勘察设计研究院在《嘉陵江航运梯级开发关键技术研究》[9]项目中，对引航道布置、引航墙的结构形式与引航道的水流条件的关系进行了研究；珠江水利委员会科学研究所对飞来峡水利枢纽上下游引航道通航水流条件进行了试验研究[10]。在对《内河通航标准》的修订过程中，对引航道口门区外连接段航道通航水流条件进行了专题研究[11-12]，提出了连接段的通航水流条件限值的初步意见：对于Ⅰ～Ⅳ船闸，纵向流速小于或等于2.5m/s，横向流速小于或等于0.40m/s；当连接段回流长度接近船舶（队）长度时，回流流速小于或等于0.3m/s。在交通运输部西部交通建设科技项目"内河航道通航条件关键技术研究（一期）"中对此又进行了进一步的研究，细化了Ⅲ～Ⅳ船闸纵、横向流速的限制建议值：Ⅲ、Ⅳ、Ⅳ船闸口门外连接段的纵向流速分别小于或等于2.6m/s、2.5m/s和2.4m/s，横向流速分别小于或等于0.45m/s、0.4m/s和0.35m/s。周华兴等[13-14]通过国内多个航运枢纽工程模型试验成果，分析探讨了通航水流条件限值在实际应用中的一些问题。我国现行标准规范对渠化工程枢纽总体布置、船闸引航道、口门区及连接段的通航水流条件进行了相关的技术规定[15-18]。

1.2 国外研究概况

欧美地区的大部分河流在20世纪30年代已相继渠化，因而，在船闸布置及通航水流条件领域的研究开展较早。

苏联《船闸设计规范》（1966年版）规定，航道上最大纵向流速，对于Ⅰ、Ⅱ级水道（相应船舶吨级5000t、3000t）不应大于2.0m/s，对于Ⅲ、Ⅳ级水道（相应船舶吨级2000t、1000t）不应大于1.5m/s。各级水道引航道入口断面处，垂直于航道轴线横向流速不大于0.25m/s，引航道口门区的横向流速则不大于0.4m/s；同时还规定，进入引航道的自航船及顶推船队，受水流和风力作用下产生的扭力矩，不应大于船舶（队）舵效所能克服的扭力矩。1980年1月，苏联又颁布了新的挡土墙、船闸、过鱼及护鱼建筑物设计规范，新规范中对船闸引航道及与水库或河流相连区段内的允许流速做了规定，见表1-1-1。对比新老规范，新规范的规定更为详细，因船舶（队）性能的提高，一些允许值也有所提高，但对于一些大型船闸的总体布置及通航水流条件仍建议通过水工模型试验来确定。

苏联通航水流条件限制值　　　　　　　　　　　　　　　　表1-1-1

航　　道	纵横向流速允许值(m/s)			
	引航道内		引航道与水库或河流相连区段内	
	纵向流速	横向流速	纵向流速	横向流速
超干线及干线	1.0	0.25	2.5	0.4
地方及地方小河	0.8	0.25	2.0	0.4

美国船闸的通航水流条件主要依靠船模航行试验来判断。美国哥伦比亚河和斯内克河的通航建筑物要求下游引航道最大纵向流速小于1.8m/s；俄亥俄河上的贝利维利船闸下游引航道口门处纵向流速2.28m/s、横向流速0.3m/s、回流流速0.5m/s，对船队进出口门尚无较大影响。对于船闸灌泄水时的非恒定流对通航的影响，美国曾在俄亥俄河上的麦克阿尔派恩船闸进行了研究，并提出了改善措施，如增大渠道宽度和水深，增设调节池，使灌水时的一半流量来自调节池，采取这些措施后，引航道内波高减小，航行条件得到改善。

西德联邦水工研究所的有关试验表明，口门区横向流速控制在0.3m/s左右时，对船舶航行影响不大。20世纪50年代，西德卡尔斯洛工学院水动力学试验室针对船闸灌泄水问题进行试验和原型观测，研究了渠道断面变化对水面波动叠加和反射的影响，以及波高、波速、比降等波要素与船闸输水流量及流量增率的关系,同时还研究了双船闸运行方式对船舶航行与停泊的影响。西德学者 Parten-Seky 认为,对排水量 1240t 的船舶,允许水面比降为 1.3‰;Hans-Werner、Parten-Seky 教授提出船闸灌泄水产生的非恒定流在引航道中产生的水面比降应不大于 0.4‰。

本章参考文献

[1]　陈永奎.斜流效应的分析计算[J].长江科学院院报,1996(3):1-5.

[2]　陈永奎,王列,杨淳,等.三峡工程船闸上游引航道口门区斜流特性研究[J].长江科学院院报,1999(2):1-6.

[3]　须清华,张瑞凯.通航建筑物应用基础研究[M].北京:中国水利水电出版社,1999.

[4]　涂启明.船闸通航水流条件研究[R].北京:交通部三峡工程航运办公室,1987.

[5]　张仲南.从船模航行情况试论引航道口门区允许流速[R].南京:南京水利科学研究院,1982.

[6]　李一兵,王育林.三峡工程船闸引航道口门区水流条件标准试验研究报告[R].天津:天津水运工程科学研究所,1990.

[7]　交通部三峡工程航运办公室.长江三峡工程泥沙和航运关键技术研究成果汇编[R].北京:交通部三峡工程航运办公室,1991.

[8]　交通部三峡工程航运办公室.长江三峡工程泥沙和航运问题研究成果汇编[R].北京:交通部三峡工程航运办公室,1999.

[9]　四川省交通厅交通勘察设计研究院.嘉陵江航运梯级开发关键技术研究—引航道建筑物关键技术研究[R].成都:四川省交通厅交通勘察设计研究院,2006.

[10]　周佩玲,吴树锋,谢宇峰.飞来峡水利枢纽通航水力学试验研究[J].人民珠江,1998(3):19-22.

[11]　李一兵.船闸引航道口门外连接段航道通航水流条件专题研究报告[R].天津:天津水运工程科学研究所,1992.

[12]　李一兵,江诗群,李富萍.船闸引航道口门外连接段通航水流条件标准[J].水道港口,2004,25(3):179-184.

[13]　周华兴,郑宝友,李金合.船闸引航道口门区水流条件限值的探讨[J].水运工程,2002(1):38-42.

[14]　周华兴,郑宝友.再论《船闸引航道口门区水流条件限值的探讨》[J].水运工程,2005(8):49-52.

[15]　中华人民共和国行业标准.JTS 182-1—2009　渠化工程枢纽总体设计规范[S].北京:人民交通出版社,2009.

[16]　中华人民共和国行业标准.JTJ 305—2001　船闸总体设计规范[S].北京:人民交通出版社,2001.

[17]　中华人民共和国国家标准.GB 50139—2004　内河通航标准[S].北京:中国计划出版社,2004.

[18]　中华人民共和国行业标准.JTJ 306—2001　船闸输水系统设计规范[S].北京:人民交通出版社,2001.

第2章　三峡工程引航道布置对通航水流条件的影响研究

长江干线是贯穿我国东西的水运交通大动脉,有"黄金水道"之誉称。三峡工程位于长江上游与中游的结合部,葛洲坝上游38km的三斗坪,与葛洲坝水电站构成梯级电站,工程主要担负着防洪、发电、通航等三大任务。三峡工程修建以前,长江上游从宜昌至重庆约660km的河段,由于水流条件和通航尺度受到滩险的限制,最大只能通过3000t级船队,航道年单向通过能力约1000万t。三峡工程建成后,上游河段的通航条件得到根本改善,万吨级船队可直达重庆九龙坡港,下游河段通过枢纽流量调节,枯水期平均下泄流量可以从先前的3000m³/s提高到5000m³/s以上,通航条件得到显著改善,航道年单向通过能力得到大大提高。

三峡水利枢纽由大坝、电厂和通航建筑物等组成,其中通航建筑物的建设所涉及的技术问题最多,难度最大,国内外无先例可循,如泥沙问题、建筑物布置和通航水流条件问题、船闸水力学和高陡边坡问题等,如不解决好,将妨碍长江航运发展。

交通运输部天津水运工程科学研究所从"七五"期间就开始参加了三峡工程航运方面的专题研究,历经19年,研究内容40余项[1]。根据不同时期的研究内容与特征先后建造了5座不同比尺的水工整体物理模型,其中1993年建成国内最大的一座1:100的枢纽整体模型,开展了"三峡工程坝区通航水流条件与通航建筑物布置优化研究",作者参加了其中的主要研究内容,并发表论文多篇[2-9]。本章主要是对三峡工程坝区上游河势演变,上、下游引航道布置对通航水流条件的影响等技术问题进行论述。

2.1　三峡工程通航建筑物概况

三峡工程通航建筑物布置在河床左岸,总水头113m,按照上、下游工程规模一致的原则,布置有两线连续五级船闸和一线垂直升船机,以与葛洲坝通航建筑物两线三闸的格局相对应。

三峡两线连续五级船闸主要通过货运船舶(队),闸室有效尺寸为280m×34m×5.0m(长×宽×槛上水深),与葛洲坝1号和2号船闸相同。船闸线路布置在左岸坛子岭左侧,开挖山体而成,船闸输水系统采用等惯性输水形式,最大工作水头45.2m。

三峡垂直升船机是配合三峡船闸运行的一条快速通道,主要通行客轮及其他专用船舶,最大提升高度113m,规模按照3000t大型客轮和单个3000t货驳过坝的要求确定,承船厢有效尺寸为120m×18m×3.5m(长×宽×吃水),与葛洲坝3号船闸相当。升船机布置在船闸的右侧,两者相距约1km。

三峡工程上、下游引航道的合理布置是研究坝区通航水流条件需解决的关键技术问题之一。上游引航道布置曾进行过660m短堤、小包长堤、大包、全包和全包开山开口方案等的比较研究(详见本章第4节),最终选用全包方案。下游引航道则由主航道(包括船闸引航道和汇合引航道)和升船机引航道组成。三峡通航建筑物总体布置情况见图1-2-1。

图1-2-1　三峡工程通航建筑物总体布置图

2.2　模型概况及试验条件

2.2.1　模型概况

试验在比尺为1∶100的三峡坝区定床正态水工模型上进行。模型总长310m,模拟范围相当于原体大坝至上游庙河17km,大坝至下游陡山沱14km,模型宽度各段不一,最宽处35m,最窄处8m。枢纽建筑物模型按初步设计资料给定的尺寸和位置进行制作,沿坝轴线自左至右依次为:双线五级船闸、升船机、临时船闸、左电厂、溢流坝、纵向围堰和右电厂。溢流坝位于河床中部的深槽,坝段长483m,内设23个7m×9m的深孔。电厂分设于溢流坝两侧,左右电厂分别安装14台和12台水力发电机组,模型布置见图1-2-2。

2.2.2　试验条件

(1)通航流量和水位

上游通航水位为防洪下限水位,下游通航水位为葛洲坝正常蓄水位66m对应的三峡大坝下游坝河口水位,具体见表1-2-1。

试验通航流量和水位组合　　　　　　　　　　表1-2-1

上游通航流量(m³/s)	坝前水位(m)	下游坝河口水位(m)
56700	147.00	73.10
45000	145.00	70.93
35000	145.00	69.24

(2)试验船模

试验船模包括三、六、九驳船队(表1-2-2),引航道内船舶系缆力为九驳船队。

船队模型及主要尺度　　　　　　　　　　表1-2-2

船队名称	船模编队	模型船队主要尺度(cm)
三驳	2640HP+3×1000t 甲板驳	121.2×31.82×2.6
六驳	2640HP+6×1000t 甲板驳	196.67×31.84×2.6
九驳	2640HP+9×1000t 甲板驳	271.87×32.25×2.6

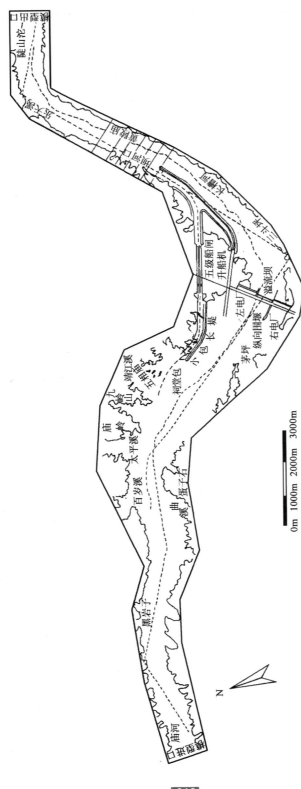

图1-2-2 三峡水利枢纽水工模型布置图

2.2.3　通航标准

三峡工程通航技术标准规定:①上、下游口门区水流表面流速中,平行于航线的纵向流速 $V_y \leqslant 2.0\text{m/s}$,垂直于航线的横向流速 $V_x \leqslant 0.3\text{m/s}$,回流流速 $\leqslant 0.4\text{m/s}$;②口门区波浪高度 $\leqslant 0.4 \sim 0.5\text{m}$,升船机承船厢波动 $H \leqslant 0.20\text{m}$;③上游引航道口门区最小水深 6.0m,下游引航道口门区最小水深 5.0m;④船队允许纵向系缆力 $P_y \leqslant 49\text{kN}$,横向系缆力 $P_x \leqslant 29\text{kN}$;⑤船队在口门区航行应保持一定的船位和航向,船队航行漂角 $\beta \leqslant 10°$,船队航行操舵角 $\delta \leqslant 20°$。

2.2.4　试验方法

采用水力学与自航船模试验相结合的方法,综合分析水流与船模运动效应。水力学参数有流速、流向及与航线的夹角等,船模航行参数有航速、航行漂角、舵角等。根据这些特征量判别各级通航流量条件下船队在引航道口门区及连接段的适航条件。引航道内通航水流条件采用波高、流速和船队系缆力等参数进行判别。

2.3　三峡工程上游坝区河势演变及水流结构分析

三峡坝区河段位于长江西陵峡内,枢纽运行后,水位抬高,原水面以上的两岸特异地形形成新的水面边界,河床形态复杂,内有洲滩碛坝及江中礁石,如祠堂包;两岸溪沟汇入众多,如百岁溪、太平溪、靖江溪、曲溪等;沿岸山嘴、礁石形成控导和挑流节点,如蛋子石~九岭山形成的对称挑流节点;深泓线高程变化剧烈,平面上窄宽相间,具有蜿蜒曲折的形式,由一系列弯道和与之连接的直段组成:其中百岁溪至太平溪河道弯曲明显(下称太平溪弯道),左岸凹右岸凸,太平溪至坝轴线为顺直段(图 1-2-2),因此坝区河道的水流结构随河床形态变化较为复杂。随着枢纽的运行,库区泥沙淤积,河势演变,水流结构也随之变化。三峡水库汛期(6~9月)坝前水位控制在防洪下限水位 145m,通航水位降低,泄洪流量增大,河道流速加大,水流结构对坝区通航有重要影响。

2.3.1　坝区河势演变特点

(1)泥沙淤积特点

泥沙模型试验表明:水库运行从初期至中期 30+2a,河道过水断面积较大、流速较缓,整个河段泥沙呈平铺式单向淤积,深槽淤积要大于滩地和岸坡,两岸边坡渐趋平缓,河宽基本未变,淤积主要是减少水深,因此河相系数 $\sqrt{B/H}$ 逐渐增大,大部分断面 $\sqrt{B/H}$ 值小于 1.0;水库运行中期至 50+4a,含沙量和泥沙粒径均明显增大,泥沙淤积强度和速度较大,淤积方式由单向淤积逐渐变为此冲彼淤和时冲时淤的方式,即在大流量时大部分地区淤积,部分地区冲刷,凹岸冲刷,凸岸淤积,大流量冲刷的地方,小流量时又转为淤积,此时两岸边滩发育,逐步形成蛋子石上、下游的右边滩,祠堂包下游的左边滩,过水面积减少较快,河相系数明显增大,各断面的 $\sqrt{B/H}$ 全部大于 1.0,最大可大于 5.0,说明此期间过水断面形态向相对宽浅的方向变化;水库运行后期至 70+6a,期间泥沙净淤积量小,主要表现为边滩长大淤高,主槽则有所冲刷,深泓有所降低,基本属于淤积平衡阶段,此时河道趋向相对窄深方向发展,河相系数又有所减小,各断面的$\sqrt{B/H}$值一般略大于1.0。

(2)河床形态变化特点

图1-2-3和图1-2-4为水库运行至30+2a、70+6a的地形,从中可以看出,随着泥沙的淤积变化,河床两岸边滩不断发育扩大,深槽变化较大,太平溪弯道逐渐下移并靠近堤头,蛋子石以下深泓线则随着淤积年份的增长逐渐左偏(图1-2-5),30+2a地形深泓线距堤头中心线的距离为660m,50+4a地形为322m,70+6a地形为285m,这使得引航道口门区和连接段一带的水流流速增大,并具有明显的弯道水流特性。

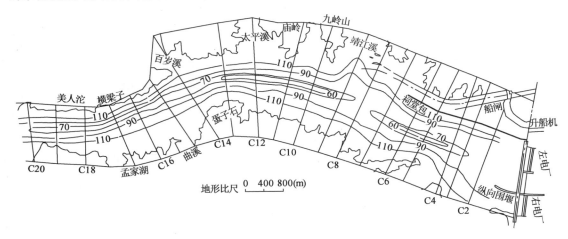

图1-2-3 30+2a坝区上游淤积地形图

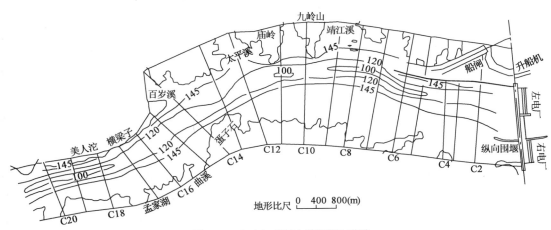

图1-2-4 70+6a坝区上游淤积地形图

2.3.2 坝区水流结构变化特点

1)坝区流场

图1-2-6为水库运行30+2a时的坝区流场,水流进入庙河后,主流偏右,左岸边出现回流区。因陈家沟下山岭凸进,使主流逐渐向左岸转移,至美人沱处已过渡至左岸,孟家湖一带因岸线凹进,出现范围较大的缓回流区,往下由于蛋子石凸出,主流逐渐左偏,同时在百岁溪、太

平溪和靖江溪处形成缓回流区,主流经过太平溪弯道后,流向泄水闸,在枢纽前左、右岸各出现一个较大的缓回流区。从图中可见,坝区流场结构与枢纽蓄水后的河势演变特点和形成的河床平面形态基本相对应。

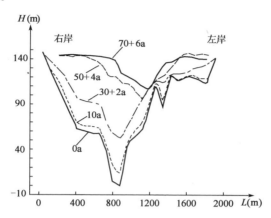

图 1-2-5　九岭山 C10 号河道断面淤积变化

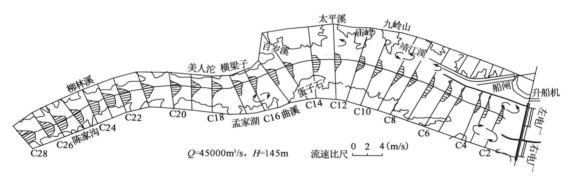

图 1-2-6　水库运行至 30＋2a 坝区上游流场图

河道断面流速一般成抛物形或梯形,即深槽附近的流速大,向两岸方向逐渐减小,到岸边则基本为零。主流线可定义为每个测流断面中最大流速的连线,事实上,河道断面流速的主流呈带状,即某一范围内的流速与最大流速相差很小。水库运行初期至 30＋2a,洪水流量 $Q=35000\sim56700m^3/s$ 时,河道断面平均流速为 $0.62\sim0.97m/s$,最大表面流速为 $1.18\sim2.06m/s$,各回流区已较明显,靖江溪处的最大回流流速为 $0.67m/s$;在蛋子石以下的主流逐渐左偏,距堤头中心线为 410m。水库运行至 50＋4a,洪水流量 $Q=35000\sim56700m^3/s$ 时,河道断面平均流速为 $1.84\sim2.83m/s$,最大表面流速为 $2.68\sim4.10m/s$,由于两岸边滩淤积,各回流区范围减小,蛋子石以下主流线左移至堤头中心线的距离约为 320m;水库运行至 70＋6a,平面流场变化不大,流速有所增大,洪水流量 $Q=35000\sim56700m^3/s$ 时,断面平均流速为 $2.14\sim3.31m/s$,最大表面流速为 $3.47\sim4.65m/s$,蛋子石以下主流左移至堤头中心线的距离约为 260m。

2)主流摆动

(1)主流摆动成因分析

模型试验表明,当水库运行到 50＋4a 以后,枢纽泄洪时,上游引航道口门区、连接段出现周期性的主流摆动,并在上引航道中出现往复流,对通航构成影响。文献[10]中将这种河道上游入流与大坝出流条件均不变,且河床固定情况下产生的主流周期性摆动的主要成因归结为蛋子石挑流和庙岭与九岭山近似天然丁坝绕流的结果,认为泥沙淤积后,河道流速加大,由右岸蛋子石挑向左岸的主流直冲庙岭和九岭山后,水流绕流扩散,在两座山岭的下游分别产生回流,尤其是九岭山下游的回流区直达引航道口门,在回流与主流的交界带,这两种流态的能量交替互换,使得主流呈现周期性摆动:当主流向左岸摆动时,上引航道口门区的回流受挤压,水面涌高,部分主流流入引航道;当主流向右岸摆动时,回流右移,水面降低,水流流出引航道,如此往复,在上引航道中形成往复流。

通过对泥沙模型结果的分析[11],认为除上述原因外,因河势演变,太平溪弯道下移,口门区和连接段处明显的弯道水流特点也是主流摆动的一个重要因素。弯道水流在重力及离心力的共同作用下,形成横向环流和水面横比降,并引起纵向流速场的重新分布,水流紊动性较强,容易形成泡漩、涡流等不稳定流态[12-14]。事实上,在山区河流中,即使在局部顺直的河段,也可能因为河床局部地形的影响(如巨石挑流、浅滩、深槽等),导致主槽水流弯曲,也同样具有弯道水流特点。三峡坝区水下地形复杂,主槽水流弯曲,会导致水流动力失稳。

综上所述,主流摆动的主要成因是由于河床(岸)复杂的边界形成回流,回流主流与相互作用,产生不稳定的回流和摆动的主流,而弯道水流的紊动和横向环流等特性强化了主流与回流的相互作用。

(2)主流摆幅、周期、最大横比降与水位升幅

周期性的主流摆动与水流脉动不同,在主流位置用悬挂浮标的长线进行试验观测时,每个浮标在微观上都呈现出左右的脉动,而同时整个长线也左右摆动,幅度较大,即主流的摆幅。表1-2-3列出了50+4a地形枢纽泄洪时口门区水流动力特性表。从中可知,大坝泄洪流量增大,主流的摆幅、横比降和左岸水位升幅均增大。

口门区水流动力特性表　　　　　　　　　　　　　　　　　　表1-2-3

通航流量 Q (m^3/s)	通航水位 H (m)	摆动周期 T (min)	摆幅 L (m)	横比降 J (1/10000)	左岸水位升幅 Z (m)
56700	147.0	25.0	51.0	2.9	0.29
45000	145.0	27.0	32.0	2.0	0.20
35000	145.0	28.0	16.0	1.3	0.10

2.3.3 枢纽泄洪时上引航道内产生的往复流特性及对通航的影响分析

三峡枢纽泄洪时,因主流摆动,在上引航道内产生了往复流,周期约为20min,与主流摆动的周期基本相同。往复流的形成还与以下因素有关:①与引航道长度有关,在较长的盲肠段引航道表现明显,短引航道则不明显;②与主流强度及摆幅有关,枢纽运行至中期(30+2a),引航道内并没有往复流,而运行后期(50+4a)才出现了往复流。

往复流的水质点是移动的,属于长周期波,由于引航道首端封闭,口门开敞,故引航道内的波为1/4波,口门为波的节点。往复流的大小与洪水流量、引航道内水体的容积、河流流势等有关。表1-2-4给出往复流在引航道内各项指标。从中可知,淤积年数长,通航流量大,往复流强;若增大引航道水域面积,如将小包方案修改为大包方案,可降低往复流的大小。

往复流在引航道内各项指标　　　　　　　　　　表 1-2-4

方案	年份	流量 指标 35000m³/s			45000m³/s			56700m³/s		
		波高 (m)	流速 (m/s)	系缆力 (kN)	波高 (m)	流速 (m/s)	系缆力 (kN)	波高 (m)	流速 (m/s)	系缆力 (kN)
大包 方案	50+4	0.18	0.18	9.0	0.31	0.22	18.0	0.43	0.30	30.0
	60+4	0.25	0.28	28.0	0.41	0.38	50.0	0.62	0.50	78.0
小包 方案	60+4	0.40	0.38	32.0	0.62	0.52	58.0	0.90	0.72	83.0
	70+6	0.50	0.42	48.0	0.72	0.60	62.0	0.98	0.78	88.0

注:大包方案与小包方案布置见本章第 4 节。

往复流联合船闸灌泄水产生的非恒定流,对三峡通航水流条件带来的不利影响,主要表现在:①使引航道内流速变大,影响船舶航行和停泊;②对引航道内富裕水深的要求提高;③对船舶产生动水作用力和坡降力,船舶系缆要求提高;④对升船机承船厢波动的影响。

降低往复流的影响,可采用以下方法:①改变河床边界条件,消减口门前的回流;②加大引航道内水域容积;③引航道导堤开口,起到引流作用,将削弱往复流的影响,可降低引航道和升船机承船厢内产生的波动[3-4]。

2.3.4　小结

三峡上游坝区水流结构与枢纽蓄水后的河势演变特点和河床形态相对应。受河床地形的影响,凸入江中的山岭后的区域和入汇溪沟处出现回流区,随着水库运行,泥沙淤积,河势演变,各回流区范围逐渐减小,回流强度则逐渐增大。水库运行到后期,上游引航道口门区和连接段一带出现不稳定的回流,与左偏的主流相互作用,产生了主流的摆动。而太平溪弯道下移,口门区和连接段处的弯道水流特性强化了回流与主流的能量交替,加强了主流摆动,并在引航道内产生往复流。三峡坝区这些不稳定的水流结构对通航构成较大的影响。

2.4　三峡工程上游引航道布置对通航水流条件影响试验研究

三峡工程通航建筑物上游引航道包括永久船闸和垂直升船机两条航线,引航道布置对通航水流条件影响较大,为此,进行过多种布置方案的试验研究,主要有:660m 短堤、小包长堤、大包长堤、全包长堤和开山方案。试验主要内容包括:①水库不同淤积年份中,坝区河势演变后的引航道口门区、连接段的通航水流条件和航行条件;②引航道内往复流以及船闸灌水产生的非恒定流对通航的影响。

2.4.1　引航道主要布置方案介绍

(1)引航道口门位置选择

引航道口门的位置关系到坝区航道的边界条件和通航水流条件,也影响到引航道的布置形式、尺度和引航道内的航行条件。口门位置比选过五相庙、祠堂包和燕长红三个地理位置,见图 1-2-7。比较从以下四个方面进行:河势演变对口门区的影响;船闸灌水对船舶停泊条件的影响;引航道及口门区直线段长度和航道视野等[15]。结果为:五相庙位置各方面条件相对较差,被首先否定;祠堂包和燕长红位置均进行了进一步的试验研究,其中对祠堂包位置的堤头作了9个方案的研究[16],最后以堤头在祠堂包上游390m处的口门位置最优,即长堤小包、大包和全包方案的口门。燕长红位置进行了660m短堤和无隔流堤方案的比较,因无堤方案在水库运行至30a时,船舶进出船闸口门已有困难,故重点研究了短堤方案。

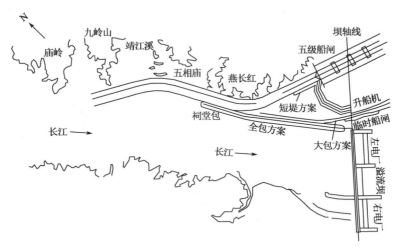

图1-2-7 上游引航道各布置方案示意图

(2)"660m短堤"方案

船闸闸前右侧建660m短堤(图1-2-7)。该方案主要考虑先修建短堤,使枢纽运行30+2a内的通航水流条件满足要求,后期根据库区泥沙淤积和通航水流条件变化情况再考虑建长堤,因此只进行了30+2a淤积地形的试验。

(3)"小包"方案

隔流堤由660m短堤上延,堤头布置在祠堂包上游390m处,全长2113m。升船机前仅设250m浮式导航堤(图1-2-7)。船闸引航道底宽180m,口门宽220m,底高程130m,引航道中心线由第1级闸首向上游延伸930m直线段,接半径为1000m、圆心角为42°的弯段,再接长980m的直线段后,用半径为1200m的圆弧段与上游河段连接。升船机上游航道中心线与船闸引航道口门段导堤平行,并以1200m半径的圆弧与升船机中心线相交,再往上与船闸同航道。

(4)"大包"方案

堤头仍在祠堂包上游390m处,堤根移至升船机右侧将升船机包入,临时船闸在堤外,简称为"大包"方案(图1-2-7),隔流堤全长2700m,堤顶高程150m。该方案堤内非通航区地形为原地形,未进行开挖。

(5)"全包"方案

堤头同小包和大包方案,堤根移至临时船闸右侧将升船机和临时船闸包入,临时船闸在后期起冲沙闸作用,取消660m短堤,简称为"全包"方案(图1-2-7)。隔流堤全长2678m,堤顶高程150m,引航道内地形全部开挖至130m高程,后期清淤高程船闸引航道为139.0m,升船机引航道为140.0m。

(6)"全包开山开口"方案

将全包方案堤头左移 50m,口门方向左偏,宽度不变,从太平溪口以下的庙岭和九岭山两处开挖航道,与引航道口门相连,开挖高程至 139.0m。口门至太平溪口航段长约 3000m。同时在隔流堤下部(距坝轴线约 633m)长约 229m 范围内开 13 道宽为 1m 的直立孔口,间距18m,孔口底高程 142m。方案布置见图 1-2-8。

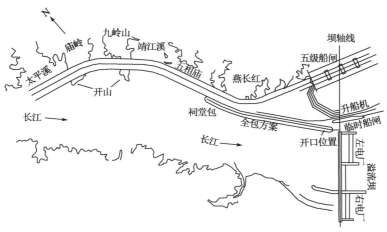

图 1-2-8　全包开山开口方案布置示意图

2.4.2　引航道口门区及连接段通航水流条件试验分析

三峡大坝建成后,坝上水位抬高,水深增大,流速降低,通航水流条件得到大大改善,在水库运行 30a 以前,坝区河势演变不大,河道流速小,各布置方案的通航水流条件满足通航要求。但当水库运行至 30+2a、50+4a 和 70+6a 时,通航水流条件逐渐恶化,以下从这三个典型的淤积年份地形进行各方案的通航水流条件分析。

(1)660m 短堤方案

该方案只进行了 30+2a 淤积地形试验。当水库运行至 30+2a 时,主流左偏,水流条件开始恶化,堤头以上至九岭山航段,流速流向变化较大,流态复杂,船舶在船闸和升船机航道上航行存在三个难点:①堤头以上至燕长红约 900m 的停泊段和制动段处于左电厂前的回流上游端,流向和流态不稳定,对船队航行影响较大,尤其下行船队很难控制好航向以安全进闸,也难以在停泊段靠泊,此为该航线上的一个航行难点;②距堤头 1200~3100m 的水域为大回流区,回流两端流向几乎与航线垂直,出现较大的横向流速,最大横向流速为 0.68m/s,成为该航线上的另一个航行难点;③升船机上游引航道无堤,左电厂前的大片回流伸展至升船机上游航线上,并造成漂浮物堆积在浮堤以上的航线上,对船舶进出船厢不利,由于无导航隔流堤,当流量$Q=56700\text{m}^3/\text{s}$ 时,浮堤前 300m 范围内,最大横向流速为 0.37m/s,下行船舶难以安全进入船厢。

(2)"小包"、"大包"和"全包"方案

"小包"、"大包"和"全包"方案的口门区及连接段位置相同,可同时进行分析。根据上述三峡坝区河势演变特点,水库运行至 30+2a,全河道以淤槽为主,深泓线和主流线位置逐渐左移,主流线比空库左移约 120m,口门区及连接段处于靖江溪口的回流区,口门前和九岭山附近回流流向与航线交角较大,但整个回流区强度不大,当流量为 35000~45000m³/s 时,通航水流条件满足要求;当流量为 56700m³/s 时,口门区横向流速有部分测点超标,从船模航行试验来看,船队用 2.5m/s 的静水航速进出口门,船队操纵难度很大,增大静水航速至 3.0m/s,航行状态有改善,船队基本能安全进出口门。

水库运用至 50＋4a,泥沙淤积强度最大,深泓线和主流线进一步左移,在祠堂包附近,主流线比 30＋2a 又左移了约 120m,并开始顶冲堤头,同时因水面积减少,河道流速增大,蛋子石以下流速增大为 2.12～3.89m/s,九岭山至口门前的回流强度较 30＋2a 增大,回流流态也不稳定(图 1-2-9),同时在引航道内产生了往复流。试验结果表明:当流量 $Q=35000m³/s$ 时,口门区个别点横向流速超标外,基本满足通航要求,当 $Q=45000～56700m³/s$ 时,口门区右侧的横向流速大部分超标,其值为 0.32～0.58m/s,九岭山附近的流速梯度大,流向变化也大,最大纵向流速 2.67～3.06m/s,通航水流条件不满足要求;船模航行试验也表明,当流量大于 45000m³/s 时,船队下行于右侧航道时,航行条件已不能满足要求。

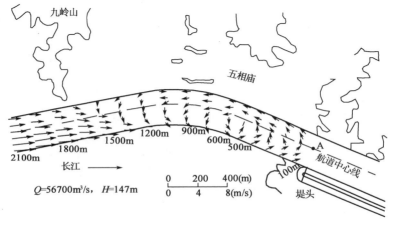

图 1-2-9　水库运行 50＋4a 后的口门区及连接段流速流态示意图

水库运行至 70＋6a,坝区泥沙冲淤达到平衡时期,整个坝区的泥沙淤积强度不大,以淤边滩为主,河道流速继续加大,三级流量下流速增大为 2.91～4.97m/s。试验表明,当 $Q=35000m³/s$ 时,口门区横向流速有个别点达 0.46m/s,三驳船队能够上下行、六驳船队能够上行,不能下行,九驳船队上下行均无法保证航行安全;当 $Q=45000～56700m³/s$ 时,口门区右侧横向流速最大值达 0.76m/s,不能满足通航要求,连接段处在弯道回流区和九岭山流速较大的区段,横、纵向流速较大,三级流量下,横向流速为 0.50～1.82m/s,纵向流速 2.0～4.18m/s,不能满足通航条件要求。船模试验也表明各船队难以安全航行。

对"大包"、"全包"和"全包开山"方案而言,升船机与船闸共用引航道,口门区和连接段的通航水流条件相同。"小包"方案的升船机航线在堤外,堤头以上航线的通航水流条件同船闸,对于堤头以下航线通航水流,当枢纽运行 30＋2a 时,升船机上游航道处于大片回流区,流向变化大,流态差,横向流速最大为 0.36m/s,已超标,且有漂浮物堆积,难以满足安全通航要求。当枢纽运行至 50＋4a 和 70＋6a 时,升船机口门前航道为淤积边滩开挖而成的盲肠航道(底高程 140m,宽 80m),故口门区流速较小,但在开挖航道与主河道连接段及穿越祠堂包与堤头附近的航道,因主流顶冲"小包"堤头,流速及流速梯度较大,有乱流,航行难度极大。

（3）"全包开山开口"方案

口门区向左岸偏移后，航道沿左岸缓流区穿越九岭山和庙岭与主航道相连，有效地避开主流和河势变化对航行的影响。当枢纽运行 30＋2a 时，航道流速低，三级流量下，流速流态均满足通航要求；当枢纽运行至 50＋4a 和 70＋6a 时，在庙岭至堤头的航道与主流之间，已初步淤成高至 145～147m 水位的"月牙形岛滩"，将航道与主流隔开，极大地改善了口门区和连接段的通航水流条件，也基本消除了因主流摆动在引航道内形成的往复流。三级通航流量条件下，自太平溪口至口门，流速从 2.0m/s 左右沿程降至 0.5m/s 以下，流态平顺，无回流、漩流等不良流态，水流条件好，各级通航流量均满足通航要求。

2.4.3　引航道内通航水流条件试验分析

各方案由泄洪引起的往复流和船闸双闸 2min 灌水产生的非恒定流对引航道内通航水流条件的影响，主要从 30＋2a 和 504a 两个淤积年份进行比较，其中"小包"方案未进行 50＋4a 地形的试验，用 70＋6a 地形试验结果说明淤库对通航的影响。

（1）"660m 短堤"方案

泄洪在短堤内没有产生往复流；船闸灌水时引航道内瞬时最大波动 0.55m，已超标，最大瞬时流速为 0.58m/s，满足要求；九驳船队最大纵向系缆力为 100.0kN，已超标；承船厢波动由于水域宽广满足要求。

（2）"小包"方案

30＋2a 地形，3 级流量泄洪条件下，引航道内闸前最大波动为 0.08～0.10m，靠船墩处最大流速小于 0.1m/s，最大系缆力为 8～10kN，表明泄洪产生的往复流此时还很小，当船闸同时灌水时，闸前最大波动为 0.69m，靠船墩处最大流速为 0.92m/s，最大系缆力为 125.0kN，均超出通航要求。

70＋6a 地形，3 级流量泄洪条件下，闸前最大波动为 0.49～0.95m，靠船墩处最大流速为 0.43～0.76m/s，最大系缆力为 44～87kN，在流量为 45000～56700m³/s 时，各项指标已超标，表明"小包"方案在水库淤积后期，枢纽泄洪在引航道内产生的往复流已对通航造成较大影响。当船闸同时灌水时，3 级流量下闸前最大波动为 0.87～1.62m，靠船墩最大流速为 0.98～1.63m/s，最大系缆力为 132～186kN，均超出通航要求。

（3）"大包"方案

30＋2a 地形枢纽泄洪时，引航道内未产生往复流，对引航道内的水流条件影响很小。当船闸同时灌水时，闸前最大波动为 0.42m，靠船墩最大流速为 0.38m/s，最大系缆力为 40kN，均满足通航要求，承船厢最大波动 0.34m，已超标。

50＋4a 地形枢纽泄洪时，在引航道内产生的往复流对通航水流条件构成影响，3 级流量下，往复流在闸前产生的最大波动为 0.16～0.42m，承船厢最大波动为 0.15～0.37m，靠船墩最大流速为 0.15～0.30m/s，最大系缆力为 8.7～28.6kN。泄洪和船闸灌水联合运行时，闸前最大波动为 0.49～0.64m，承船厢最大波动为 0.42～0.56m，均已超标，靠船墩最大流速为 0.49～0.58m/s，满足要求；最大系缆力为 45～50kN，满足要求。

（4）"全包"方案

30＋2a 地形枢纽泄洪未产生往复流，对引航道内水流条件影响很小。当船闸同时灌水时,闸前最大波动为 0.40m,靠船墩最大流速为 0.34m/s,最大系缆力为 36kN,均满足通航要求。承船厢最大波动为 0.32m,已超标。

50+4a 地形枢纽泄洪时,在引航道内产生的往复流对通航水流条件构成影响,3 级流量下,往复流在闸前产生的最大波动为 0.09~0.29m,承船厢最大波动为 0.08~0.26m,靠船墩最大流速为 0.10~0.18m/s;最大船队系缆力为 7.1~17.5kN,均满足通航要求,与大包方案相比,各项指标平均降低了 35% 左右。泄洪和船闸灌水联合运行时,闸前最大波动为 0.42~0.53m;承船厢最大波动为 0.31~0.40m;靠船墩最大流速为 0.40~0.46m/s;最大系缆力为 40.0~45.0kN,除承船厢波动超标和闸前波动在流量为 56700m³/s 时略超标外,其余各项指标均满足要求。与大包方案相比,各项指标平均降低了 18% 左右,指标的降低,主要原因是"全包"方案引航道的水域面积比大包方案增大 28%,说明扩大水域面积对改善引航道内通航水流条件有明显效果。

(5)"全包开山开口"方案

堤头左移,开山分流,削弱了主流摆动对口门区水流动力的影响,同时隔流堤下端部开口引流,基本消除了引航道内的往复流,并可减少承船厢内水位波动。30+2a 地形,船闸灌水时,闸前最大波动为 0.40m,承船厢最大波动为 0.17m,靠船墩最大流速为 0.36m/s,最大系缆力为 34kN,均满足通航要求。50+4a 地形,船闸灌水时,闸前最大波动为 0.31m,承船厢波动为 0.22m,靠船墩流速为 0.34m/s,最大系缆力为 32.0kN,均满足通航要求,与全包方案相比,各项指标平均降低了 33% 左右。表明该方案对改善通航水流条件有良好效果,不足之处在于工程量大,建成后航道及引航道内泥沙淤积量较大。

2.4.4 方案综合比较

综合各方案通航水流条件、引航道(航道)泥沙淤积量、航道视野和工程量等方面进行比较,结果列入表 1-2-5。从中可见,660m 短堤方案在水库运行 30+2a 时,通航水流就较差,后期将更加恶化,不宜采用。"小包"、"大包"和"全包"三个方案中无疑"全包"方案最佳。而对于"全包开山开口"方案,通航水流条件得到较大改善,但工程量增大,航道泥沙淤积严重,清淤量大。目前三峡工程上游引航道布置为"全包"方案。

各不同布置方案综合比较 表 1-2-5

方案编号	布置方案	30+2a 通航水流条件	淤库对口门区通航的影响	淤库往复流对引航道内通航的影响	往复流与船闸灌水对通航的影响	引航道及航道清淤量	航道视野	工程量
1	660m 短堤	较差	大	较小	较大	大	燕长红影响较差	小
2	小包方案	船闸较好,升船机较差	大	较大	大	较大	较好	较大
3	大包方案	较好	较大	有影响	较大	好于小包	较好	较大
4	全包方案	较好	较大	很小	有影响	好于大包	较好	较大
5	全包开山开口	好	较小	无	很小	大	九岭山和庙岭影响较差	大

2.4.5　小结

三峡工程上游引航道布置方案对通航水流条件影响较大。随着泥沙淤积、河势演变、口门区和连接段的通航水流条件将逐渐恶化,通过对不同方案的综合比较,目前采用的"全包"方案较佳,但该方案在水库运行后期,部分试验工况仍难以满足通航水流条件,建议加强原型观测,根据未来的变化采取适当改善措施。

2.5　三峡工程下游引航道通航水流条件试验研究

下游引航道通航水流条件的影响因素较多,如:口门区及连接段的位置、航线布置、枢纽泄洪、船闸泄水、电站调峰及葛洲坝反调节等。本节从枢纽泄洪和船闸泄水对引航道、口门区和连接段通航水流条件的影响和改善措施进行分析。

2.5.1　坝下河势特点及下游引航道布置

三峡坝址向下游至乐天溪,航程9.6km。上段为三斗坪弯道,河槽为复式断面,主泓线偏右,下段为乐天溪弯道,两弯道之间有黄陵庙顺直段,属宽谷段,汛期江面最宽可达1400m,全河段枯水期河宽在150～250m之间(图1-2-10)。

图1-2-10　三峡工程坝区下游河势示意图

下游引航道位于弯道左侧凸岸边滩,隔流堤全长2722m,堤头位于坝河口上部约450m,由主引航道(包括船闸引航道和汇合引航道)和升船机引航道组成(图1-2-11)。主引航道底高程为56.5m,船闸引航道底高程为57.0m,升船机引航道底高程为58.0m,堤头以下航道右侧礁石挖至高程61.0m。汇合引航道底宽180m,口门宽200m。

2.5.2　泄洪对下引航道口门区及连接段通航水流条件的影响

三峡大坝汛期的首要任务是防洪,采取削峰滞洪的方法,运行原则是:当上游来水流量大于56700m³/s时,下泄流量不超过56700m³/s;当上游来水流量小于56700m³/s时,按天然流量过程下泄。枢纽泄洪时,下游河道流量和流速较大,受两岸边界和水中地形的影响,流态较乱。泄洪流量 $Q=35000\sim56700\text{m}^3/\text{s}$ 时,河道最大表面流速为 $2.8\sim4.2\text{m/s}$,下泄水流偏于右侧凹岸,隔流堤沿线基本为贴边顺流、缓流区,水流至堤头口门时向左侧水域扩散,产生斜流、回流和横流,影响船舶安全通航。

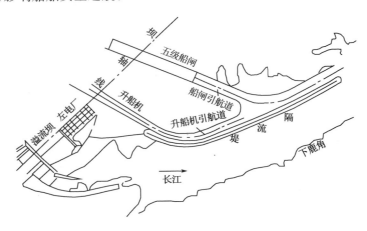

图 1-2-11　下游引航道平面布置图

(1)枢纽泄洪对下游引航道水面波动影响

下游引航道为"盲肠"形态,枢纽泄洪产生的泄水波在向下游传播过程中逐渐衰减,传至弯道、束窄处和封闭端后易形成反射波和次生波,波动频率高、周期短,但波幅不大,水面平滑而不破碎。水面波幅随流量的增大而增大,随下游水深的减小而增大。升船机口门前最大波幅为 0.41m,超过允许波动($\leqslant$0.2m),船闸人字门处的最大波幅为 0.27m,口门区最大波幅为0.23m,因此枢纽泄洪对船闸运行和口门区船舶航行不致产生影响,但对升船机运行有一定影响。

(2)口门区及连接段流速、流态

枢纽泄洪时水流偏于右侧凹岸一侧,下引航道口门区处于弱回流区,泥沙淤积较重,以 70+6a 淤积地形为例,口门区淤积高程一般在 60m 以上,需从口门外按 200m 宽沿航线清淤至 56.5m 高程,以保证通航水深,因此在口门区右侧形成一长约 600m 的鱼嘴形淤积体向下游方向尖灭,把主流隔在口门区外。口门区 100~400m 范围内为弱回流区,口门外 400~900m的回流强度变大,而连接段基本为斜流,当下泄流量 $Q=45000\text{m}^3/\text{s}$ 时,斜流流速为 $0.27\sim3.52\text{m/s}$,角度 $4°\sim68°$,$Q=56700\text{m}^3/\text{s}$ 时,斜流流速为 $0.31\sim4.10\text{m/s}$,角度 $6°\sim80°$。图1-2-12所示为 $Q=45000\text{m}^3/\text{s}$ 时的流速及流态。

(3)斜流对通航的影响分析

利用第 1 章中的式(1-1-1)~式(1-1-3)来分析斜流效应。以 $\overline{V_x}$ 和 ΔV_x 来表示斜流强度的特征量,以船队的舵角 δ 和航行漂角 β 表示相应斜流效应的特征量。表 1-2-6 为 70+6a 淤积地形,泄洪流量 $Q=45000\text{m}^3/\text{s}$ 时口门区和连接段的流速分布;表 1-2-7 是根据表 1-2-6 计算得到口门区和连接段左、右航线上的 $\overline{V_x}$、ΔV_x 和漂距 Δb,船模航行的斜流效应特征值为 6 驳船队沿左、右航线上下行时抵御斜流时的 δ、β 值。

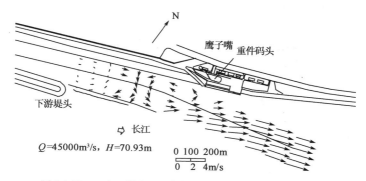

图 1-2-12　70+6a 淤积地形条件下游口门区连接段流速及流态

下游引航道口门区及连接段流速分布（单位：m/s）　　　　　　表 1-2-6

位置	距堤头距离 D（m）	航道中心线左 40m				航道中心线				航道中心线右 80m			
		V	α(°)	V_y	V_x	V	α(°)	V_y	V_x	V	α(°)	V_y	V_x
口门区	100	0.24	−175	−0.24	−0.02	0.17	−170	−0.17	−0.03	0.21	−25	0.19	−0.09
	200	0.20	155	−0.18	0.08	0.17	80	0.03	0.17	0.37	15	0.36	0.1
	300	0.28	85	0.02	0.28	0.14	75	0.04	0.14	0.31	58	0.16	0.26
	400	0.22	0	0.22	0.00	0.00	0	0.00	0.00	0.22	−140	−0.17	−0.14
	500	0.26	−88	0.01	−0.26	0.23	−73	0.07	−0.26	0.39	−125	−0.22	−0.32
连接段	600	0.25	−115	−0.11	−0.23	0.29	−75	0.08	−0.28	0.51	−30	0.44	−0.25
	750	0.28	175	−0.28	0.02	0.27	15	0.26	0.07	1.16	13	1.13	0.26
	900	0.56	68	0.21	0.52	0.67	19	0.63	0.22	2.26	16	2.17	0.62
	1050	1.23	23	1.13	0.48	1.83	18	1.74	0.57	2.91	15	2.81	0.75
	1200	1.91	14	1.85	0.46	2.42	21	2.26	0.87	2.93	19	2.77	0.95

注：纵向流速 V_y 向下游方向为正，向上游为负；横向流速向 V_x 左为正，向右为负；流速夹角向左为正，向右为负；舵角右为正，左为负；漂角右为正，左为负。

下游引航道口门区、连接段斜流及其效应的特征值　　　　　　表 1-2-7

位置	航线	航向	横向流速（m/s）		斜流效应				
			$\overline{V_x}$	ΔV_x	δ(°)	δ_{max}(°)	β(°)	β_{max}(°)	Δb(m)
口门区	左线	上	0.13	0.15	−7~0	−7	−4~0	−4	10.9
	右线	下	0.18	0.14	−20~0	−20	−5~0	−5	15.9
连接段	左线	上	0.34	0.18	−17~10	−17	−5~19	19	68
	右线	下	0.57	0.38	−20~30	30	−3~23	23	94.5

结合表 1-2-6、表 1-2-7 和图 1-2-12 可知：①口门区存在不稳定的回流，各测点的流向变化较大，横向流速为 −0.32~0.28m/s，斜流特征值表明，右航线横流强度稍强，左航线次之，航

道中心线最弱;②连接段流态主要为斜流,强度较大,最大值为右航线的2.81m/s,横向流速为—0.28~0.95m/s,斜流特征值表明,右航线横流强度最强,左航线较弱,而所受力矩大小,右航线大于左航线。

从船模航行情况看,6驳船队右线下行,从口门区航行到连接段时,船头受到向左的斜流作用,船尾受到向右的斜流作用,使船受到较大的逆时针力矩,须用右舵来克服,船模航行最大舵角30°。估算的航行漂距为94.5m,与船模航行情况基本一致,说明船队出口门区进入连接段后,受斜流作用,航态较差,对船队航行安全构成威胁。

2.5.3 船闸泄水下游引航道非恒定流对通航的影响

三峡永久船闸末级闸室泄水包括"外泄"和"内泄"两套独立的系统,即一部分水体采取旁侧泄水,通过主廊道泄入引航道外的长江中,另一部分水体通过辅助廊道泄入引航道中。这种泄水方式大幅降低了泄水产生的非恒定波流对船舶进出引航道和停靠的影响。试验表明,外泄水波仍将绕过隔流堤头经口门传入引航道,与内泄水波交峰,在引航道内形成了往复波流,但引航道内的流速、水面坡降、系缆力等值都不大,双线船闸同时泄水时,除升船机闸前水位变幅超过0.2m外,其余条件均满足要求。

2.5.4 小结

(1)三峡工程泄洪引起的水面波动对下游船闸通航不致构成影响,但对升船机的运行有一定影响;泄洪在下游引航道口门区及连接段产生的斜流,是影响下游口门区及连接段船舶安全通航的主要因素,其中口门区水流条件好于连接段,左线上行要好于右线下行。

(2)船闸泄水采取"外泄"和"内泄"相结合的运行方式后,下引航道非恒定流对通航的影响得到有效改善,引航道内的流速、水面坡降、系缆力指标都不大,均满足要求,但升船机闸前水位波动超标,应采取一定的消波措施。

2.6 主要结论和认识

本章分析了三峡水利枢纽运行后,坝区河势演变及水流结构变化特点,试验研究了上游引航道不同布置方案对通航水流条件的影响,以及下游引航道口门区及连接段通航水流条件和斜流效应分析,得到了以下主要结论和认识。

2.6.1 主要结论

(1)三峡工程坝区水流结构与枢纽蓄水后的河势演变和河床形态相对应。坝区通航水流条件研究主要有三方面:一是枢纽泄洪及电站日调节对通航的影响;二是船闸灌泄水引起的非恒定流对通航的影响;三是水库运行若干年份后,因泥沙淤积,河势改变,引起口门区流态变化,由枢纽泄洪而在引航道内产生的不良流态——往复流对通航的影响。

(2)因泄洪产生往复流的主要因素有:①上游引航道口门前凹凸不平的边界和地形使得该水域产生大面积回流;②在水库运行过程中,因泥沙淤积,河势演变,使得口门区和连接段的水流具有弯道水流特点,造成水流动力不稳;③口门区和连接段较强的回流与左偏主流相互作用,加上弯道环流的影响,产生不稳定的回流和摆动的主流;④上游引航道为较长的盲肠段。往复流联合船闸灌泄水运行产生的非恒定流,对三峡通航水流条件带来不利影响。

(3)三峡工程上游引航道布置对通航水流条件影响较大,采用全包方案较好地解决了船闸和升船机的通航水流条件;下游引航道口门区通航水流条件较好,连接段处的斜流较大,影响船舶安全通航。

(4)本次试验研究跨越了三峡工程运行的中后期,坝区河势演变是通过泥沙物理模型预测得到。随着社会的发展,库区各种因素的变化,均有可能使得预测产生偏差,建议加强原体观测,以根据未来的变化来采取适当的措施。

2.6.2　主要认识

(1)对于高水头水利枢纽,由于建坝后水流泥沙运动和河床形态特征与建坝前有很大不同,坝区河段转变为河道型深水水库,随着泥沙的不断淤积,原有河势将发生变化,因此对通航建筑物总体布置和通航水流条件的研究均应考虑并延伸到水库运行中后期的变化情况。

(2)当升船机与船闸共用引航道时,应考虑往复流和船闸灌泄水产生的非恒定流等对升船机承船厢内水位变化的影响。

本章参考文献

[1] 王秉哲,郑宝友,孟祥玮,等.三峡枢纽泄洪、船闸输水及电站调峰对通航条件的影响[J].水道港口,2004,25(增刊):35-41.

[2] 李焱,李金合.三峡坝区通航水流条件的研究[J].水道港口,1997(4):36-41.

[3] 李焱,李金合,孟祥玮,等.引航道内往复流对通航的影响及改善措施的研究[A]//交通部水运司.内河航道整治工程技术交流大会文集[C].北京:人民交通出版社,1998.

[4] 孟祥玮,李金合,李焱,等.导航堤开孔对通航水流条件影响的研究[J].水道港口,1998(2):17-24.

[5] 李焱,李金合,孟祥玮,等.三峡工程升船机上引航道的通航水流条件试验研究[J].水道港口,1999(1):20-22.

[6] 李焱,孟祥玮,李金合,等.三峡工程船闸灌水上引航道内水力特性数值模拟分析[J].水道港口,2002,23(3):122-126.

[7] 李焱,孟祥玮,李金合.三峡工程上游引航道布置对通航水流条件的影响[J].水道港口,2002,23(4):281-287.

[8] 李焱,孟祥玮,李金合,等.三峡工程下游引航道通航水流条件试验[J].水道港口,2003,24(3):121-125.

[9] 李焱,孟祥玮,李金合,等.三峡枢纽泄洪坝区水流结构分析[J].水道港口,2003,24(4):180-184.

[10] 王秉哲,李焱,等.三峡工程枢纽泄洪及船闸灌泄水对通航水流条件的影响及改善措施试验研究[R].天津:交通部天津水运工程科学研究所,2001.

[11] 孔祥柏,李国斌,等.三峡水利枢纽通航建筑物"全包"正向取水方案坝区泥沙淤积和通航

水流条件试验总报告[R].南京:南京水利科学研究院河港研究所,2000.

[12] 张玉萍.弯道水力学研究现状分析[J].武汉:武汉水利电力大学学报,2000(5):35-39.

[13] 张红武,等.弯道水力学[M].北京:水利电力出版社,1993.

[14] 刘焕芳.弯道水流的分离[J].武汉:武汉水利电力大学学报,1989(6):50-54.

[15] 长江水利委员会.三峡工程科学试验和研究[M].武汉:湖北科学技术出版社,1997.

[16] 长江水利委员会.三峡工程永久通航建筑物研究[M].武汉:湖北科学技术出版社,1997.

第3章　那吉航运枢纽船闸凸凹岸布置 对通航水流条件的影响研究

西江水系郁江综合利用规划采用十级梯级开发方案,以防洪、航运、发电为主,兼顾灌溉、供水等其他需要。那吉航运枢纽是规划中的第四级,位于右江,距上游百色水利枢纽61.8km,建成后可渠化坝址上游航道56km,使右江航道等级由目前的Ⅵ级提高到Ⅳ级,远期通过鱼梁、金鸡、老口等梯级枢纽的连续渠化提高到Ⅲ级,实现全线通航千吨级船舶(队)。

那吉航运枢纽坝址位于两弯道之间的顺直段,顺直段较短,船闸引航道口门区处于弯道附近,连接段基本处于弯道内。在枢纽总体布置时,有左岸船闸和右岸船闸两个比选方案。由于弯曲河道凸、凹岸的边界条件和水流特点的差异,为论证船闸在枢纽总体布置中的合理性及上下游引航道口门区和连接段的通航水流条件,进行了枢纽整体水工模型试验。

3.1　工　程　概　况

那吉航运枢纽属低水头河道型水库,正常蓄水位115.0m。工程主要包括水电站、拦河坝和船闸等。电站为3台灯泡贯流式机组,装机容量57MkW。拦河坝长309.5m,其中溢流坝段190m,设10孔净宽为16m的泄水闸。船闸为单线单级,设计年通过能力400万~500万t,有效尺度为190×12×3.5(m)(有效长度×宽度×槛上水深),近期通航1顶2×500t顶推驳船队,远期通航1顶2×1000t级顶推驳船队。

3.2　枢纽河段自然条件和水流特征

3.2.1　自然条件

那吉坝区河段呈弓形(图1-3-1),上、下游河段为同侧向弯道,上游弯道接近于90°,下游弯道为微弯,中间顺直段长约1.6km,坝址位于顺直段中部的拉呱滩,距上游弯道约1.3km。顺直段上游河道呈开阔U形斜向谷,河床宽约200m,右岸为冲蚀凹岸,水深右深左浅,航道位于河床右侧,在坝址上游约600~800m处有一深潭,水深达9m。顺直段河床宽约330m,河中有一柳叶形沙洲(名拉呱滩),沙洲宽约100m,长约1000m,高程101.0~108.7m,该沙洲把河道分成两支,左支为主河槽,枯水期水深约2m,宽约150m,为行船主航道,右支宽约80m,枯水期水深0.5~1.0m,不能行船。顺直段下游河道河床宽约200m,主流略偏左。两岸阶地平坦,左岸为一级阶地,高程116m,距坝址下游约100m及370m处有两条冲沟汇入河床;右岸为二级阶地,高程121m。

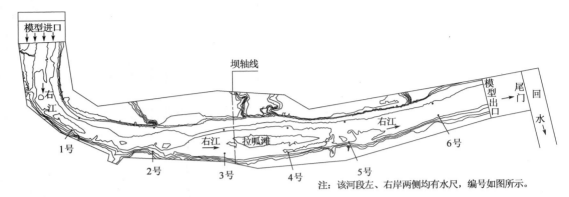

注：该河段左、右岸两侧均有水尺，编号如图所示。

图 1-3-1　坝区河段及水工模型平面布置图

3.2.2　水流特征

（1）枢纽建成后，水流流向基本与河道特征相对应。上游弯道主流偏向右侧，表面流速流向凹岸，底部流速流向凸岸。水流经溢流坝下泄后，受消力墩的影响，闸下水面呈鱼鳞状波动，电站下方基本为静水，下游河道水流较为平顺，水流方向略偏向右侧，经过下游引航道后，水流向口门区和连接段扩散，产生回流和斜流。

（2）河道流速随流量的增大而增大，当流量为 $2670\sim3540\mathrm{m^3/s}$ 时，上游河道最大表面流速为 $2.33\sim2.52\mathrm{m/s}$，下游河道最大表面流速为 $2.67\sim2.91\mathrm{m/s}$。

3.3　那吉枢纽总体布置原则

（1）枢纽布置优先满足通航和发电的需要，满足船闸上下游引航道口门区通航水流条件，厂房布置考虑进口水流条件及尾水顺畅；

（2）本枢纽是低水头闸坝型拦河工程，其洪水特点是峰高、量大，因此枢纽布置应顺应河势，泄洪时上下游水流衔接要平顺，满足泄流要求；

（3）枢纽各建筑物布置要结合施工导流，并满足施工导流要求；

（4）本枢纽是在通航繁忙的河道上修建，总体布置应既满足施工期通航又便于工程施工，尽量使施工期通航条件良好；

（5）根据坝址地质条件，合理布置水工建筑物，以保证枢纽的安全运行，且经济合理；

（6）枢纽布置应有利于提前发电和通航。

3.4　试验内容及方法

采用水力学与遥控自航船模相结合的试验方法，综合分析水流运动与船舶（队）航行相互作用的效应，来判别口门区及连接段通航水流条件的优劣。内容包括：

（1）分别对船闸左、右岸布置方案口门区和连接段的通航水流条件和船模航行条件进行试验，提出合理的布置方案；

（2）提出合理的改善通航水流条件的工程措施，以确保船舶（队）安全进出口门。

3.5　模型概况和试验条件

3.5.1　模型概况

模型按重力相似准则设计为几何正态、定床，比尺为1：100，模拟范围包括坝轴线上、下游长度折合原型各约2.0km，模型全长约为50m，宽3～7m不等，平面布置见图1-3-1。模型制成后进行验证试验[1]，各项参数误差均满足模拟技术规程要求[2]。枢纽布置分别按左、右岸船闸方案布置图进行，其中溢流坝采用混凝土浇筑，船闸采用塑料板制作，泄水闸弧形闸门采用白铁皮制作，闸墩、电站用红松木材制作[3]。

船模采用玻璃钢制作，螺旋桨和舵加工完成后，按照实船舵、桨系图安装。对船模进行了相似性校准试验，包括吃水、排水量和重心位置的调配与校准；船模的直航性和航速率定；以及采用减小舵面积的方法进行操纵性尺度效应修正[2]，本船模舵面积减小后为实船舵面积的75%。

模型与原型各物理参数比尺换算关系如下：几何比尺：$\lambda_L=100$；速度比尺：$\lambda_v=\lambda_L^{1/2}=10$；流量比尺：$\lambda_Q=\lambda_L^{5/2}=10^5$；时间比尺：$\lambda_t=\lambda_L^{1/2}=10$；糙率比尺：$\lambda_n=\lambda_L^{1/6}=1.4678$；吃水比尺：$\lambda_T=100$；排水量比尺：$\lambda_W=\lambda_L^3=10^6$。

3.5.2　试验条件

（1）通航流量与水位

右江为常年通航河流，枢纽建成后应保证10年一遇（$Q=3540\text{m}^3/\text{s}$）洪水以下的流量均可正常通航。下游最小通航流量为140m³/s。上游最高和最低通航水位分别为115.0m和109.4m，下游最高和最低通航水位分别为108.9m和101.56m。枢纽最小发电水头4m。根据河段径流特征和水库运行方式，选择通航流量从800～3540m³/s主要的水位流量组合进行试验，见表1-3-1。

通航水位流量组合　　　　　　　　　　　　　　　　表1-3-1

流量 Q（m³/s）	枢纽运行方式	上游水位（m）	下游水位（m）
800	左7孔均匀开启，电站下泄流量615m³/s	115.0	103.54
1170	左7孔均匀开启，电站下泄流量615m³/s	114.0	104.45
1450	10孔均匀开启，电站下泄流量615m³/s	112.0	105.11
2670（2年一遇）	10孔均匀开启	110.5	107.45
3450（5年一遇）	10孔敞泄	109.67	108.75
3540（10年一遇）	10孔敞泄	109.81	108.9

（2）试验船型

1顶2×500t分节驳船队，尺度为117.75×10.8×1.6(m)（总长×宽×吃水，下同）；1顶2×1000t分节驳船队，尺度为166.6×10.8×2.0(m)。

（3）通航水流条件限值

Ⅲ级船闸的引航道口门区水流表面流速限制条件为：纵向流速≤2.0m/s,横向流速≤0.3m/s,回流流速≤0.4m/s。其他不良流态,应不影响航行安全通畅。船队航行条件参照三峡工程通航技术要求,船队在口门区航行时,操舵角δ应不大于20°,航行漂角β应不大于10°。

连接段的水流条件尚无明确规定,一般要求最大表面纵向流速满足设计船舶（队）自航通过的要求;横向流速不影响设计船舶（队）的安全操纵。

3.6 左岸船闸方案通航水流条件试验

3.6.1 左岸船闸方案布置

该方案将电站和船闸分别布置河道左、右岸,电站以左依次为3孔泄水闸、分水隔墙,7孔泄水闸和船闸。船闸引航道采用不对称布置形式,上下游引航道导堤长各560m,底宽45m,至口门为喇叭口形,口门宽60m,导堤为斜坡梯形复式断面,上游顶高程116.0m,下游顶高程109.71m。上游航道底高程为105.9m,下游航道底高程为97.37m,见图1-3-2。

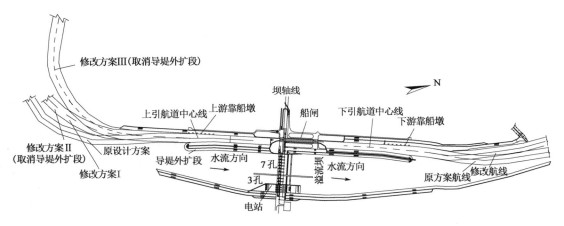

图 1-3-2　左岸船闸布置方案图

3.6.2 左岸船闸方案上游口门区与连接段通航水流条件

（1）原设计方案

左岸船闸上游口门区位于弯道凸岸的下游,连接段处于90°弯道内,原设计航线是经口门区后斜穿主流至右岸凹岸,再往上游（图1-3-2）,从河势来分析,上游口门区及连接段航行条件受弯道水流的影响较大。试验表明,口门区受到向右侧斜向水流的作用,水流与航线的夹角在10°～20°之间,横向流速大部分超标,连接段的水流均处于向右侧偏斜的斜流区内,水流与航线的夹角较大,斜流流速较大,对航行不利（图1-3-3）。船模上、下行时,均需斜穿主流区,船模在受到斜向水流作用的同时又要转弯,航行困难,尤其当下行进入引航道时,难以保证安全。

（2）修改方案

针对原设计方案的航线设计斜穿主流,进行了各种改善措施如修改航线使其向左岸靠,以避开河道主流的修改方案Ⅰ和修改航线同时缩短导航堤,使口门区位置下移160m后处于弯道下游顺直河段的缓流区的修改方案Ⅱ;修改方案Ⅲ是在修改方案Ⅱ的基础上开挖左岸凸出河道的部分台地,使航线再向左岸靠,同时拓宽了河道,减小了河道流速(图1-3-2),试验表明,修改方案Ⅰ的口门区横向流速仍有超标,修改方案Ⅱ和Ⅲ的口门区处于弯道下的缓流区,通航水流条件满足要求,但连接段中心线右侧的水流仍为向右的斜流,夹角在10°~14°之间,流态仍较差(图1-3-4),船模下行时,船队在弯道不同位置仍受到不同的斜流作用,当船头转弯道时,船尾受向右的斜向水流作用会使船队打横,此时船队再进入引航道难度较大,通航条件仍难以满足要求。

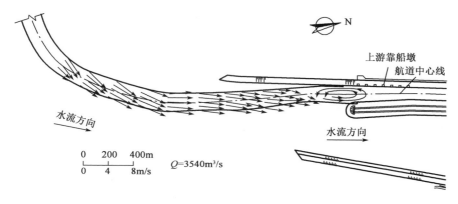

图1-3-3　左岸船闸上游原设计方案口门区和连接段的流场

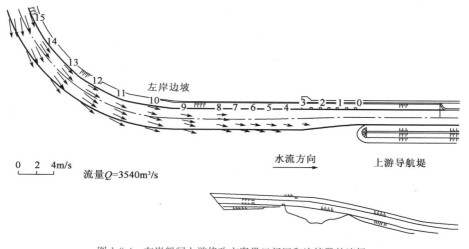

图1-3-4　左岸船闸上游修改方案Ⅲ口门区和连接段的流场

3.6.3　左岸船闸方案下游口门区及连接段通航水流条件

(1)原设计方案

左岸船闸下游引航道原设计方案口门区位于拉呱滩左河床尾部,连接段处于河道主流区偏右,航线为从左岸口门区穿过斜流区至河道主流区(图1-3-2)。试验表明,下泄水流在口门区扩散,致使口门区出现向左侧的斜流作用,造成口门区150m至400m范围内的纵、横向流速过大,且随着流量的增加而增大,当流量为3540m³/s时,最大纵向流速为2.33m/s,最大横向流速为0.97m/s,不满足通航要求,船模航行时的漂角大部分超标(表1-3-2)。

左岸船闸(原设计方案)下游引航道口门区及连接段船舶航行参数　　　　表1-3-2

方案	流量 (m³/s)	船型	航向	航速 (m/s)	口 门 区		连 接 段	
					$\delta(°)$	$\beta(°)$	$\delta(°)$	$\beta(°)$
修改方案	3540	2×500t	上行	3.0	左18	13	左19	11
				3.5	左16	9	左16	10
			下行	2.0	右17	11	左18	12
				2.5	右14	12	左15	11
		2×1000t	上行	3.0	左19	10	左16	18
				3.5	左20	7	左18	12
			下行	2.0	右21	6	左17	12
				2.5	右16	11	左22	7

(2)修改方案

在原方案引航道及口门布置不变的基础上,修改航线(图1-3-2),使水流与航道的夹角减小,减弱斜流的影响同时避开主流,使船舶(队)靠左岸行驶,使船舶(队)靠左岸行驶。试验表明,修改航线后的下游通航水流条件得到较大改善,船模上、下行的航行参数均能满足要求(表1-3-3)。

左岸船闸(修改方案)下游引航道口门区及连接段船舶航行参数　　　　表1-3-3

方案	流量 (m³/s)	船型	航向	航速 (m/s)	口 门 区		连 接 段	
					$\delta(°)$	$\beta(°)$	$\delta(°)$	$\beta(°)$
修改方案	3540	2×500t	上行	3.0	左16	7	左15	4
				3.5	左13	3	左9	7
			下行	2.0	右14	7	左12	9
				2.5	右9	5	左16	6
		2×1000t	上行	3.0	左11	5	左16	7
				3.5	左11	6	左14	6
			下行	2.0	右16	8	左17	6
				2.5	右14	6	左15	5

3.7　右岸船闸方案布置及通航水流条件试验

3.7.1　右岸船闸方案布置情况

该方案电站和船闸均位于河道的右侧,从河道右侧开始,依次为船闸、电站,3孔泄水闸、分水隔墙,7孔泄水闸。船闸引航道采用不对称布置形式,引航道宽45m,导堤为实体混凝土直立墙,墙宽2m。上游导堤堤头距离坝轴线659.5m,堤头处口门宽74.5m,口门外航道宽60m。下游导堤堤头距离坝轴线774.5m,堤头处口门宽67.5m,口门外航道宽60m,导堤外设800m长的潜顺坝,以防止口门区及航道的淤积(图1-3-5)。上、下游导堤顶高程与航道底高程同左岸船闸方案。

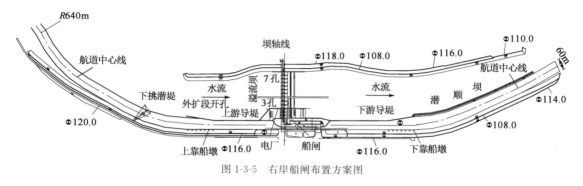

图1-3-5　右岸船闸布置方案图

3.7.2　右岸船闸方案上游口门区及连接段通航水流条件试验

(1)原设计方案

该方案上游引航道口门区位于弯道凹岸下游河段,连接段处于弯道内,整条航线基本在河道主流区内。试验表明,整条航线上有以下航行难点:一是距口门300～400m范围内,由于引航道内静水的顶托作用,产生向左的斜流,致使横向流速过大,当流量为3540m³/s,最大横向流速为0.58m/s,横向流速超过0.3m/s的测点约为20%,不满足通航要求;二是距口门700～1000m的连接段范围内受弯道水流及右岸山体凸嘴影响,最大横向流速为0.39m/s,对船队正常航行不利(图1-3-6),船模航行操舵角和漂角均较大,无法沿航线正常进出口门。

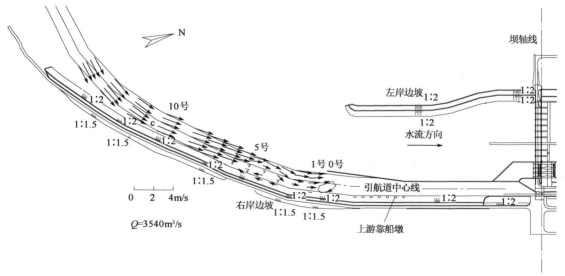

图1-3-6　右岸船闸上游原设计方案口门区和连接段流场

（2）修改方案

为了探求合理的改善措施，进行了多方案比较试验，如将弯道左侧凸岸部分台地切除，以扩大弯道过水面积，调整水流，减小右岸斜流强度，但效果不明显；又如进行了导航堤开孔方式和开孔率对改善通航水流条件的效果试验等[4]。最终采取以下综合修改措施（图1-3-5）：一是切除右岸侧凸出的山嘴，并平顺修圆，以消除边界对水流的影响；二是在导航墙外扩段底部开孔引流，减小水流与航线的夹角，消除口门区动水与引航道静水相遇产生的斜向水流；三是在堤头上游250m处加一75m长的下挑潜堤，堤顶宽5m，堤顶高程104.5m，边坡1:2，下挑角度29°（与垂直航道中心线方向夹角），以平顺口门区的水流。通过上述工程措施后，调整了口门区的水流与航线的角度，口门区前的回流得到消减，水流沿航线较为平顺，连接段水流流向与航线夹角平均为6°左右（图1-3-7）。船模航行时可顺流而下，顶流而上，航行参数满足航行条件要求。因此修改方案在各级流量下，口门区和连接段的通航水流条件和航行条件均满足通航要求。

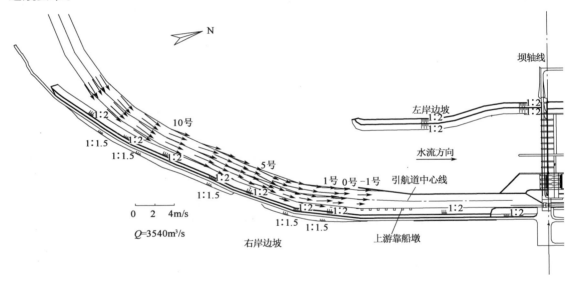

图1-3-7　右岸船闸上游修改方案口门区和连接段流场图

3.7.3　右岸船闸方案下游口门区及连接段通航水流条件试验

（1）原设计方案

下游口门区150～400m范围因下泄水流经过堤头后向右侧扩散，产生向右的斜流，斜流角度在15°～25°之间，分解的最大横向流速超出通航规范要求，对通航构成影响。而连接段水流沿航线较为平顺，水流条件较好（图1-3-8）。

（2）修改方案

为改善为下游通航水流条件，必须是削减口门区250～400m的斜流作用。为此进行多种改善措施的试验，如：在口门区110～350m潜顺堤设置了5个菱形隔流墩，以阻挡斜流作用（图1-3-9）；或取消堤头前潜顺堤，在下游引航道导堤末端加一长60m，下挑角为60°的潜堤，顶高程104.0m（图1-3-10），起导流和阻流作用，使得下泄后的水流经过口门区时流速能变小，从而减小口门区的纵、横向流速。试验表明,通过上述改善措施,各种通航流量下,右岸船闸下游引航道口门区及连接段通航水流条件均满足要求,两种修改措施可供设计参考选择。

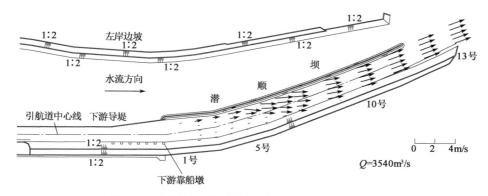

图 1-3-8　右岸船闸下游原设计方案口门区和连接段的流场

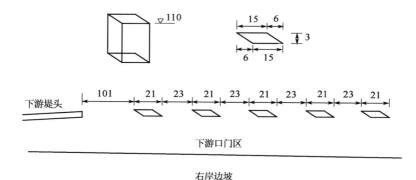

图 1-3-9　菱形隔流墩布置示意图(尺寸单位:m)

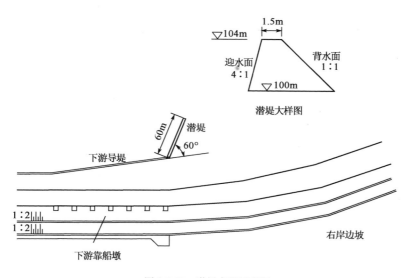

图 1-3-10　潜堤布置示意图

3.8 船闸布置在弯道凸凹岸附近的航行条件分析

船队在弯道上航行,其重心、船头和船尾不可能同时在航线上运动,因此顶推船队在弯道上航行存在一个艏向角,并在一个范围内瞬时变化,该范围与航线的曲率半径有关,曲率半径越小,艏向角越大。以 1 顶 2×1000t 船队为例来分析船舶(队)在弯道的运动状态。如图 1-3-11所示,当船队在图中 A 位置时,船尾在航道中心线左侧,船头在右侧,当船队在图中 B 位置时,则船尾变为在航道中心线右侧,船头在左侧,因此艏向角是瞬时变化的,此时船队所受的横向流速由原来的:

$$V_x = V \cdot \sin\alpha \tag{1-3-1}$$

变成了:

$$V_x = V \cdot \sin(\alpha + \Delta\alpha) \tag{1-3-2}$$

式中:V——斜向流速(m/s);

V_x——横向流速(m/s);

α——斜向流速与航线的夹角(°);

$\Delta\alpha$——船舶(队)轴线与航线的夹角(°)。

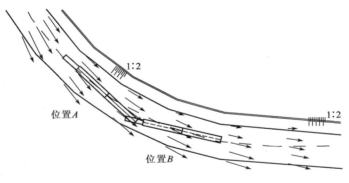

图 1-3-11 船队在弯道时的航行状态

因此船舶(队)在弯道上航行,其所受到的横向流速要比直线段增大,对于布置在弯道附近的船闸,无疑增加了进出引航道口门的难度。式(1-3-2)中的 $\Delta\alpha$ 与河道弯曲半径、船舶(队)长度、宽度、航行漂角等有关。对于河道的弯曲半径,凹岸的弯曲半径总比凸岸的大,即:$R_凹 = R_凸 + B$,式中 B 为弯道处河宽,从这个角度上看,船闸布置在凹岸,对航行是有利的,但从弯道水流的特点来看,水流受到重力和离心惯性力的双重作用而形成弯道环流,主流偏向凹岸,凹岸的水流流速一般大于凸岸,故也可能在口门区产生的纵横向流速比凸岸大,同时较大的水流流速更加影响船舶(队)下行的操纵舵效,影响驾驶员的操纵心理,因此船闸布置在凹岸也有一定缺陷。

3.9 那吉枢纽左、右岸船闸布置方案比较

(1)泄流能力

两种布置方案均采用 10 孔泄水闸,试验表明泄流能力均能满足 500 年一遇的洪水下泄[4]。

（2）通航条件

左岸船闸上游引航道口门区和连接段布置在弯道的凸岸，不顺应河势的发展，同时凸岸的航道弯曲半径偏小，船舶航行要穿越主流区，航态较差，修改航线并开挖原岸坡台地后，口门区的通航条件虽满足通航要求，但连接段布置在弯道段，船队上、下行的航行条件仍较差，尤其船队下行时需转90°弯，转过弯道后就要进入口门，而斜向右侧的水流对转弯船身的不均匀作用，容易使船舶（队）而碰到堤头或岸坡，因此，左岸船闸方案虽采取较大的工程措施，仍不能满足船舶（队）安全通航要求。

右岸船闸方案上游引航道口门区及连接段布置在弯道的凹岸，是上游河段的主河槽，河道右侧岸坡稳定，水流顺应主流流向，采取一定的工程措施后，口门区水流较平顺，连接段的转弯半径640m，为4倍的船长，比凸岸大，船队可顺流而下，顶流而上，航行条件较好。右岸船闸方案虽然电站与船闸同岸布置，但电站装机容量较小，且与船闸之间有较长的引航道导堤相隔，电站取、泄水时均不会对船闸通航构成影响[4]。

（3）泥沙淤积

对于弯道河段，一般凹岸冲刷，凸岸淤积，因此左岸船闸在枢纽运行后口门区和连接段的航道需清淤；而右岸边坡稳定，无须清淤。

通过上述比较，综合各种因素，且从河势对通航水流条件和船队航行条件的影响考虑，建议采用右岸（凹岸）船闸布置方案。

3.10　主要结论和认识

3.10.1　主要结论

（1）本工程为低水头的通航枢纽，枢纽布置优先满足通航和发电的需要，由于枢纽坝址在弯道的下游，考虑到电站装机容量较小，取、泄水均不会对船闸通航构成影响，因此将电站与船闸顺应河势布置在同侧的右岸较为理想。

（2）本通航枢纽如果仅从口门区的通航水流条件来衡量，左岸船闸方案口门区处于弯道下的缓流区，通航水流条件比右岸船闸方案要好，但考虑了连接段后，其通航水流条件就较差。因此对于弯曲河段的枢纽船闸设计中，还应充分考虑连接段处的弯道水流对船舶航行的影响。目前关于连接段的水流条件《船闸总体设计规范》（JTJ 305—2001）[5]未进行限值规定，运用船模技术能取得较好的效果。

（3）从改善通航水流条件的工程措施看，航线的选择较为重要，航线设计应尽量避免在口门区和连接段穿越主流；而采用上游导堤开孔、平顺河段边坡、设置潜堤和挑流墩等工程措施可有效地改善通航水流条件。

3.10.2　主要认识

（1）枢纽布置中通航建筑物与电站宜异岸布置，当在弯曲河段附近两者需同岸布置时，应考虑以下因素：①两建筑物上游进口宜位于河流凹岸主流一侧，避免泥沙淤积；②通航建筑物应靠岸布置，电站布置在通航建筑物外临河一侧，之间应设置足够长的分水堤；③电站尾水出流方向与通航建筑物下引航道轴线方向应基本一致。

（2）在弯曲河道附近布置枢纽时，船闸布置在凹岸一侧，能加大船舶航行的弯曲半径，有利于改善口门区和连接段的航行条件，但由于弯道主流偏向凹岸，凹岸流速一般大于凸岸，故也可能在口门区产生的纵横向流速比凸岸大，同时较大的水流流速影响船舶（队）下行的操纵舵效，因此船闸布置在凹岸也有一定缺陷。

（3）综上所述，航运枢纽布置在弯道附近时，船闸凸、凹岸布置选择宜优先考虑凹岸靠岸布置，其次才是凸岸，同时应进行枢纽通航整体模型试验来确定。

本章参考文献

[1] 曹玉芬,李金合,等.那吉航运枢纽整体模型验证试验报告[R].天津:交通部天津水运工程科学研究所,2001.

[2] 中华人民共和国行业标准.JTJ/T 232—98　内河航道与港口水流泥沙模拟技术规程[S].北京:人民交通出版社,1998.

[3] 李金合,郑宝友,等.那吉航运枢纽通航水流条件水工模型试验研究报告（工可阶段）[R].天津:交通部天津水运工程科学研究所,2001.

[4] 李焱,周华兴,郑宝友.那吉航运枢纽通航水流条件水工模型试验报告（初设、技施阶段）[R].天津:交通部天津水运工程科学研究所,2003.

[5] 中华人民共和国行业标准.JTJ 305—2001　船闸总体设计规范[S].北京:人民交通出版社,2001.

第4章　山区河流引航道与河流主航道夹角的研究

在通航枢纽总体布置中,通航建筑物上下游引航道与河流主航道的连接是一项关键技术。当引航道航线与河道水流存在较大夹角时,对船舶(队)产生的斜流效应,直接威胁船舶(队)安全进出引航道,我国有关规范对该夹角做出了相应的规定,如《船闸总体设计规范》(JTJ 305—2001)[1]第5.6.4条规定:"引航道、口门区和连接段的中心线与河流或引河的主流流向之间的夹角宜缩小。在没有足够资料的情况下,此夹角不宜大于25°。"《渠化工程枢纽总体布置设计规范》(JTJ 220—98)[2]第5.6.2条规定:"连接段航道轴线与引航道轴线及主航道轴线的交角不宜大于25°。"《渠化工程枢纽总体设计规范》(JTS 182-1—2009)[3]第5.4.4.3款规定"通航建筑物下游引航道轴线方向应与水电站尾水出流方向基本一致。当下游引航道与水电站尾水汇合口下游共用一河槽或渠道时,下游引航道出口段轴线与共用河槽轴线的交角不宜大于25°。"

夹角不宜大于25°的规定对于不同水流特性的河流,如山区河流、平原河流、运河等,由于河道地形和水流流态不同,并不能一概而论。山区河流蜿蜒曲折,河道流速变化大,在2年或5年一遇洪水时,水流流速即可增大到2~3m/s,由于地形地貌和航道条件复杂,枢纽总体布置时,引航道航线与河道水流往往成一定夹角,在这种条件下,如何确定不同流速条件下的水流夹角对通航的影响,并采取工程措施,确保船舶通航安全,是工程技术人员所关心的问题。

采用概化物理模型和遥控自航船模,通过对山区河流船闸引航道与河流主航道不同夹角和不同流速条件下的通航水流条件和航行条件进行系列试验研究,提出不同布置条件下夹角的限制建议值。

4.1　引航道与主航道水流夹角形成条件分析

通过对国内通航枢纽布置情况及其河势特点的统计分析,得到引航道与主航道水流夹角的5种常见情况。

(1)通航建筑物布置在弯道附近

山区河流迂回曲折,顺直河段相对较短,枢纽船闸通常布置在两个弯道中间,有的布置在裁弯取直的河段上。如葛洲坝水利枢纽所在河道呈S形弯曲,坝址处于南津关急弯和镇川门微弯河段之间的过渡段[4-5];三峡工程所在河段由一系列弯道和直线段组成,坝址选在三斗坪弯道上端[5];大源渡航电枢纽坝址区为微弯河段,大坝位于河湾的顶部,船闸位于左侧凸岸,开挖而成[6]。那吉坝区河段呈弓形,枢纽上游弯道接近于90°[7],桂平、贵港枢纽船闸及引航道均布置裁弯取直的河段上等[8-9]。一般情况下,船闸宜布置在弯道凹岸一侧,但受河势影响或与电站分开,实际工程中布设在弯道凸岸和凹岸附近的情况均有。表1-4-1为船闸布置在凸、凹岸的统计情况,从中可知,船闸布置在凸、凹岸的情况基本各占一半。

船闸布置在凸、凹岸的统计情况 表 1-4-1

序 号	工 程 名	通 航 建 筑 物 布 置 情 况
1	葛洲坝水利枢纽	大江船闸上游布置凸岸,三江2号和3号船闸布置在凹岸;三江航道下游布置在凸岸上游侧
2	三峡水利枢纽	坝址在三斗坪弯道上端,船闸布置在凸岸,开挖
3	大顶子山航运枢纽	河势微弯,船闸位于主河槽右汊靠近右岸边,凸岸
4	郁江老口航运枢纽	下游引航道位于凸岸上端
5	右江鱼梁航运枢纽	上游引航道位于凸岸下端
6	株洲航电枢纽	坝址在微弯分汊河段,船闸布置在右汊凸岸
7	大源渡航电枢纽工程	坝址位于弯道河段的弯顶处,船闸布置在凸岸开挖
8	草街航电枢纽	枢纽在牛鼻孔、象鼻子和草街三个连续弯道上。船闸布置在凸岸
9	景洪水电枢纽	枢纽区河道弯曲呈S形,通航建筑物(升船机)布置在右岸(凸岸)
10	百龙滩水电枢纽	布置在河道右岸(凸岸)
11	嘉陵江沙溪航电枢纽	整个坝址河段走势呈反S形,上游引航道在凸岸下端,上游引航道在凹岸上端
12	四九滩航运枢纽	闸坝址位于两个反向弯道中间的过渡段。上游引航道为凹岸,下游为凸岸
13	桂平航运枢纽	凸岸,裁弯取直
14	贵港航运枢纽	凸岸,裁弯取直
15	东西关水利枢纽	凸岸,裁弯取直
16	汉江崔家营航电枢纽	枢纽通航建筑物布置在弯道的右岸(凹岸)
17	飞来峡水利枢纽	枢纽坝址地处弯曲河段上,船闸和引航道布置在河道左岸(凹岸)
18	那吉航运枢纽	近90°弯道下端,凹岸
19	万安水利枢纽	下游引航道,布置在弯道凹岸
20	长洲水利枢纽	分汊河段,微弯,凹岸
21	风洞子航电工程	位于河道弯曲段下段,船闸上引航道口门区位于弯曲河道凹岸边沿
22	新政航电枢纽	新政航电工程枢纽所在河段为微弯河段,船闸和电站均布置在其左岸(凹岸)
23	乐滩枢纽工程	布置在河道左岸(凹岸)
24	韩庄水利枢纽	新老运河交汇,存在水流夹角

（2）裁弯取直工程

如桂平、贵港、东西关、青居等航电枢纽,上下游引航道和口门区与主河流存在较大的水流夹角,通常需要采取适当工程措施,尽量减小水流夹角对通航水流条件的影响(图1-4-1)。

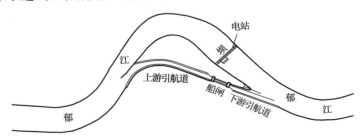

图 1-4-1 裁弯取直工程(贵港枢纽布置图)

（3）枢纽布置在分汊河段

枢纽布置在分汊河段时，泄水闸和电站通常与通航建筑物布设在不同的河汊上，受洲滩的影响，下泄水流往往与船闸引航道中心线形成夹角，如株洲、大顶子山等枢纽（图1-4-2）。

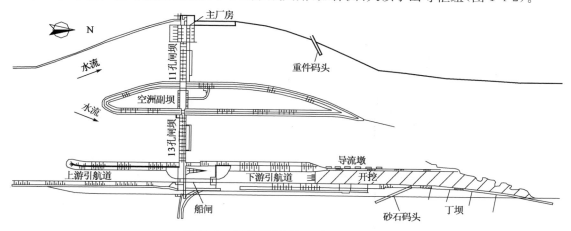

图1-4-2　分汊河段船闸布置（株洲航电枢纽）

（4）船闸引航道与主航道异岸连接

引航道与主航道异岸连接时，船舶穿过河道进入引航道，此时主流与航线存在夹角（图1-4-3）。

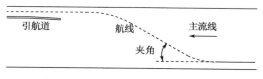

图1-4-3　引航道与主航道异岸连接

（5）动静水交接处产生斜流夹角

河道水流受上游引航道内静水顶托，或向下游口门区扩散，也产生斜流（图1-4-4）。这种情况即使枢纽布置在顺直河段，也难以避免，因此不属于枢纽布置的因素。

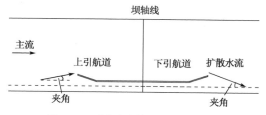

图1-4-4　动静水交接处产生斜流夹角

4.2　概化物理模型试验方案的选取

综合以上分析，概化物理模型试验方案选取两种情况：试验方案一为弯道条件下，船闸布置在凸岸产生的夹角（图1-4-5）；试验方案二为引航道轴线与河道斜向布置时产生的夹角（即实际工程中的裁弯取直和分叉河段的布置）。

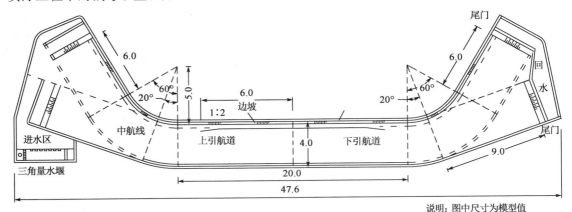

图 1-4-5　概化模型试验方案一（尺寸单位：m）

4.3　模型概况和试验条件

4.3.1　模型概况

概化物理模型为定床正态，比尺 1：100，按重力相似准则设计。模型总长约 50m，宽 4.0～11m，高 0.5m，最大弯曲角度为 60°，最小弯曲角度 20°，上下游弯道段之间的直线段长 20m，岸侧边坡 1：2，模型为平底，上下游水深均为 5cm，引航道隔流墙为直立式。模型布置见图 1-4-5。为方便调节上下游水位，结合一些工程情况，概化模拟了枢纽的泄水闸和电站（图 1-4-6）。

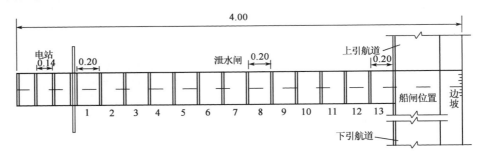

图 1-4-6　概化枢纽中的电站、泄水闸布置（图中尺寸为模型值，单位：m）

船模设计为几何正态，比尺为 1：100，满足几何相似和重力相似条件。船模的航速率定在静水中进行，操纵性采用减小舵面积的方法改变舵效，进行了尺度效应修正，本船模舵面积为实船舵面积的 75%[10]。

模型与原型各物理参数比尺换算关系如下：几何比尺 $\lambda_L=100$；速度比尺 $\lambda_v=\lambda_L^{1/2}=10$；流量比尺 $\lambda_Q=\lambda_L^{5/2}=100000$；时间比尺 $\lambda_t=\lambda_L^{1/2}=10$；糙率比尺 $\lambda_n=\lambda_L^{1/6}=1.4678$；排水量比尺：$\lambda_w=\lambda_L^3=10^6$。

4.3.2　试验条件

（1）船队尺度

选取Ⅲ、Ⅳ级航道中的代表船型，实船资料见表1-4-2。

试验船队主尺度
表 1-4-2

载重(t)	船队队形	船别	主尺度			设计排水量(m³)	航道等级
			长度(m)	宽度(m)	设计吃水(m)		
1000	二排一列	推轮	31.65	8.0	1.8	251	Ⅲ
		驳船	67.5	10.8	2.0	1329	
		船队	166.6	10.8	2.0	2909	
500	二排一列	推轮	22.75	5.0	0.93	56	Ⅳ
		驳船	47.5	10.8	1.6	658.5	
		船队	117.75	10.8	1.6	1373	

（2）引航道与主航道水流夹角工况

通航建筑物布置在弯道凸岸情况（方案一），上、下游引航道与主航道水流夹角分别为20°、30°、45°、60°。

通航建筑物引航道与河道斜向布置（方案二），下游引航道与主航道水流夹角分别为20°、25°、30°、45°。

（3）河道水流流速和试验航速

河道平均流速选择1.0m/s、1.5m/s、2.0m/s、2.5m/s四种流速，对应航速为1.5m/s、2.0m/s、2.5m/s、3.0m/s。

（4）引航道和口门区的设定

根据Ⅲ、Ⅳ级航道等级，船闸引航道宽度取40m，引航道口门宽60m，口门区长度取400m，宽度取60m。对于山区河流通航建筑物布置在弯道凸岸情况，引航道堤头距弯道设为200m，弯道转弯半径取500m。

4.3.3　通航标准

船闸引航道口门区通航标准有明确规定[1]，连接段的水流条件没有明确规定，采用参考文献[11]的研究成果，具体见表1-4-3。

不同航道等级口门区、连接段的流速限值（单位：m/s）
表 1-4-3

流速	口门区		连接段（建议值）		
	Ⅰ～Ⅳ	Ⅴ～Ⅶ	Ⅲ	Ⅳ	Ⅴ
纵向流速 V_y	≤2.0	≤1.5	≤2.6	≤2.5	≤2.4
横向流速 V_x	≤0.3	≤0.25	≤0.45	≤0.4	≤0.35
回流流速 $V_回$	≤0.4	≤0.4	—	—	—

口门区船舶（队）航行参数控制指标：船舶（队）的航行操舵角 $\delta \leqslant 20°$，航行漂角 $\beta \leqslant 10°$。

对于口门区横向流速的限值要求，大量工程实践和模型试验表明[5]，当口门区航线外缘侧的个别测点超标或超标的流速范围小于 2/3 倍船长时,一般判断为通航水流条件基本满足要求,如船模航行条件满足要求,则通航条件判断为满足要求。本试验也按此情况判断。

4.4　船闸布置在弯道凸岸时产生的水流夹角试验

试验前,计算并率定河道不同平均流速对应的流量,并使模型进口水流均匀。虚拟枢纽泄水闸全部开启敞泄,调节水位,观测上下游水流流速流态。

4.4.1　测点和航线布置

(1)测点布置

口门区测流断面间距 50m,连接段间距 100m;各断面测点有 5 个,测点间距 15m,试验通航时还测量了 2～3 个河道横断面流速。测点布置如图 1-4-7 所示。

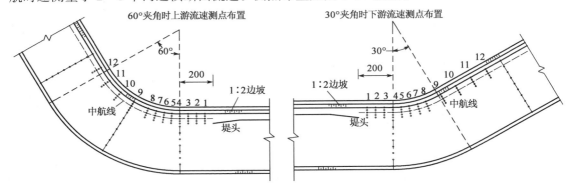

图 1-4-7　流速测点布置图(尺寸单位:m)

(2)航线

船模上行走中航线左侧航道,下行走中航线右侧航道;对于上游引航道,下行进口门较为困难时,下行航线也改为沿中航线或中航线左侧(岸侧)下行。

4.4.2　通航水流条件分析

引航道与河流主航道不同夹角时,上、下游口门区和连接段的通航水流条件见表 1-4-4 和表 1-4-5。流场见图 1-4-8 和图 1-4-9。

(1)由于引航道和口门区回流的存在,使过水断面缩窄,口门区测点的最大流速比河道平均流速增大,上游测点平均增加了,下游测点平均增加了 22%。

(2)不同流速和不同夹角,口门区的最大斜流角度 α_{max}(测点流向与航线的夹角)上游在 16°～35° 之间,下游在 15°～45° 之间。

(3)上游口门区的斜流范围在口门前 250m,下游口门区的斜流范围在口门前 150～300m 范围内;下游口门区的回流强度要大于上游,这是因为下游口门区的扩散斜流强度较大。

(4)随着流速的增大,口门区的横向流速增大;超标的横向流速一般发生在航道中心线及外侧两个测点;随着河道流速的增大,口门区超标的横向流速范围扩大,并由外侧点向中线及内侧点扩展。

上游口门区和连接段的通航水流条件　　　　　　表 1-4-4

| 试验条件 | | | | 上游口门区 | | | | | | | | 上游连接段 | | |
R (m)	L (m)	θ (°)	V (m/s)	V_{max} (m/s)	$α_{max}$ (°)	V_{ymax} (m/s)	V_{xmax} (m/s)	V_{xmaxp} (m/s)	$V_x>$ 0.3m/s 的点数	V_{hmax} (m/s)		$α_{max}$ (°)	V_{ymax} (m/s)	V_{xmax} (m/s)
500	200	60°	1.0	1.23	20	1.23	0.33	0.21	1	0.12		0	1.23	0
			1.5	1.93	25	1.93	0.43	0.42	5	0.2		3	1.93	0.1
			2.0	2.43	26	2.43	0.49	0.45	10	0.18		5	2.46	0.21
			2.5	2.80	28	2.80	0.56	0.47	11	0.2		2	2.86	0.09
		45°	1.0	1.23	18	1.23	0.30	0.18	0	0.2		0	1.20	0
			1.5	1.86	20	1.86	0.43	0.32	3	0.2		2	1.86	0.06
			2.0	2.46	21	2.46	0.50	0.41	9	0.2		0	2.46	0
			2.5	2.76	22	2.76	0.69	0.63	15	0.23		0	2.76	0
		30°	1.0	1.33	16	1.33	0.30	0.20	0	0.20		0	1.33	0
			1.5	1.83	16	1.83	0.40	0.33	3	0.20		0	1.84	0
			2.0	2.50	22	2.50	0.76	0.54	12	0.2		0	2.50	0
			2.5	2.96	23	2.96	0.83	0.75	18	0.2		0	2.96	0
		20°	1.0	1.10	16	1.10	0.24	0.16	0	0.2		0	1.06	0
			1.5	1.80	16	1.80	0.41	0.28	2	0.2		0	1.60	0
			2.0	2.40	21	2.40	0.59	0.43	7	0.2		0	2.20	0
			2.5	2.70	22	2.69	0.71	0.50		0.2		0	2.53	

注：R-弯道转弯半径；L-堤头距弯道起点的距离；θ-引航道与河流主航道夹角；V-河道平均流速；V_{max}-口门区和连接段测点的最大流速；$α_{max}$-测点流速方向与航线的最大夹角；V_{ymax}-最大纵向流速；V_{xmax}-最大横向流速；V_{xmaxp}-堤头前1号～4号测流断面最大横向流速的平均值；V_x-横向流速；V_{hmax}-最大回流速度。（下同）

下游口门区和连接段的通航水流条件　　　　　　表 1-4-5

| 试验条件 | | | | 下游口门区 | | | | | | | | 下游连接段 | | |
R (m)	L (m)	θ (°)	V (m/s)	V_{max} (m/s)	$α_{max}$ (°)	V_{ymax} (m/s)	V_{xmax} (m/s)	V_{xmaxp} (m/s)	$V_x>$ 0.3m/s 的点数	V_{hmax} (m/s)		$α_{max}$ (°)	V_{ymax} (m/s)	V_{xmax} (m/s)
500	200	60°	1.0	1.36	35	1.35	0.39	0.29	4	0.53		8	1.38	0.15
			1.5	1.86	33	1.86	0.67	0.51	12	0.60		4	1.86	0.13
			2.0	2.44	30	2.43	1.01	0.70	13	0.98		4	2.45	0.17
			2.5	2.93	40	2.93	1.31	0.79	13	1.06		4	2.96	0.10
		45°	1.0	1.40	18	1.40	0.36	0.30	3	0.53		5	1.36	0.11
			1.5	1.93	24	1.93	0.50	0.35	6	0.66		5	1.90	0.16
			2.0	2.43	45	2.43	0.62	0.46	10	0.72		5	2.40	0.21
			2.5	2.94	45	2.94	0.87	0.64	10	0.83		0	2.94	0
		30°	1.0	1.33	16	1.33	0.35	0.23	2	0.46		0	1.23	0
			1.5	1.93	25	1.93	0.50	0.46	10	0.56		5	1.80	0.15
			2.0	2.36	30	2.36	0.75	0.53	12	0.80		0	2.30	0
			2.5	2.73	40	2.73	0.88	0.69	12	1.03		0	2.73	0
		20°	1.0	1.36	15	1.35	0.33	0.27	1	0.40		5	1.26	0
			1.5	1.93	20	1.89	0.47	0.33	4	0.73		0	1.76	0
			2.0	2.46	20	2.40	0.72	0.61	11	0.96		2	2.40	0.08
			2.5	2.96	20	2.96	0.98	0.69	14	0.70		2	2.96	0.10

（5）上游河道平均流速 1.0m/s 时，夹角 60°、45°、30°、20°时的通航水流条件满足要求；河道平均流速 1.5m/s 时，60°、45°、30°夹角的 1～4 号断面最大横向流速的平均值 V_{rmaxp} 分别为 0.42m/s、0.32m/s、0.33m/s，通航水流条件不满足要求；20°夹角时，口门区个别测点横向流速超标，V_{rmaxp} 为 0.28m/s，通航水流条件基本满足要求；河道平均流速 2.0m/s 和 2.5m/s 时，各个角度情况下的通航水流条件均不满足要求。

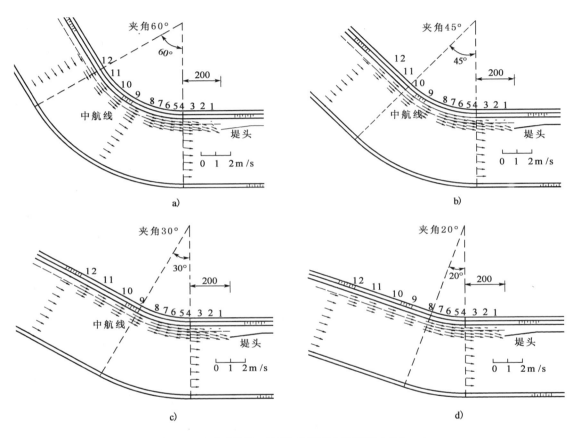

图 1-4-8　上游引航道口门区和连接段流场图（尺寸单位：m）

（6）下游河道平均流速 1.0m/s，60°、45°、30°夹角情况下，口门区个别点横向流速超标，V_{rmaxp} 均小于 0.3m/s，纵向流速均小于 2.0m/s，通航水流条件基本满足要求；20°夹角情况的通航水流条件满足要求；河道平均流速 1.5m/s，60°、45°、30°、20°夹角情况下的分别 V_{rmaxp} 为 0.51m/s、0.35m/s、0.46m/s、0.33m/s，通航水流条件不满足要求；河道平均流速 2.0m/s 和 2.5m/s 时，各个角度情况下的通航水流条件均不满足要求。

（7）概化模型中连接段的边界条件简单，水流条件不受弯道夹角的影响，连接段水流与航线夹角小，上游最大斜流角度 $\alpha_{max} \leqslant 5°$，下游 $\alpha_{max} \leqslant 8°$，横向流速较小；连接段的纵向流速随河道平均流速的增大而增大，按表 1-4-3 来衡量，河道平均流速为 2.0m/s 时，最大纵向流速 $\leqslant 2.50$m/s，均满足要求，河道平均流速为 2.5m/s 时，连接段纵向流速不满足要求。

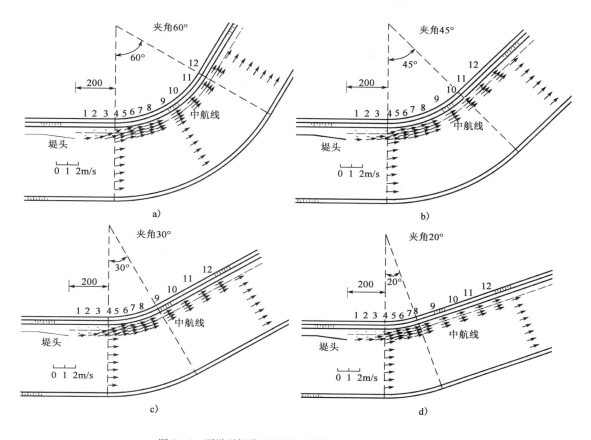

图 1-4-9　下游引航道口门区和连接段流场图(尺寸单位:m)

4.4.3　船模航行条件分析

上游船模航行试验表明:船模上行出口门,操右舵可克服堤头上端的斜流作用,进入连接段后,操右舵转弯,船队沿航道中心线右侧航道顶流而上较为顺利。船模下行进口门,转弯船队在弯道的不同位置受到的斜流作用不同,当船头转过弯道顶点后,船尾受向右的斜流作用会使船队打横,此时应注意及时回舵,但如回舵过早,则船身在斜流的作用下,容易向河中心侧漂移,造成船头撞堤头(图 1-4-10 和图 1-4-11)。因此,船队下行时的漂角和横移距均要增大,当夹角≥20°,河道平均流速≥1.5m/s 时,船模下行进入引航道很困难,舵角和漂角均超标。

下游船模航行试验表明:船模上行进入引航道的航行条件要好于上游船模进入引航道,这是因为下游船模上行进入引航道为顶流,舵效较好。当夹角大于20°,河道平均流速≥1.5m/s 时,船模上行进入引航道时舵角和漂角均超标,船模下行出引航道航行条件较好。

综上所述,枢纽布置在弯道凸岸附近,堤头距弯道 200m,1 顶 2×1000t 和 1 顶 2×500t 航行船队条件,当河道平均流速为 1.5～2.0m/s,对应于口门区和连接段水流流速为 1.8～2.5m/s 时,转弯夹角宜小于 20°。

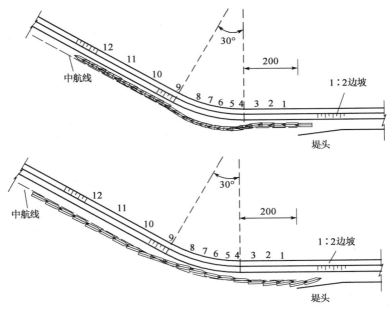

图 1-4-10　夹角 30°时上游口门区及连接段船模航行轨迹图(尺寸单位:m)

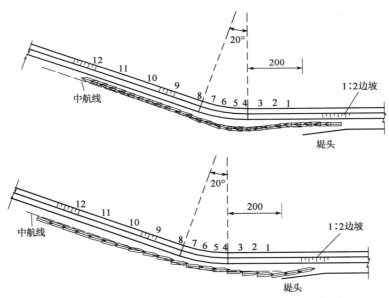

图 1-4-11　夹角 20°时上游口门区及连接段船模航行轨迹图(尺寸单位:m)

4.5　引航道与河道斜向布置时的夹角试验

4.5.1　试验条件

模型布置见图 1-4-12。进行了河道流速分别为 1.0m/s、1.5m/s、2.0m/s 和 2.5m/s 时,

1顶2×1000t和1顶2×500t船模上行进入引航道的试验,口门区的测流断面和测点位置见图1-4-13。

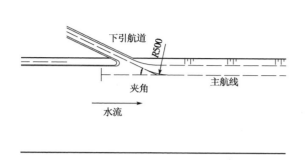

图1-4-12　引航道与河道斜向布置图(尺寸单位:m)

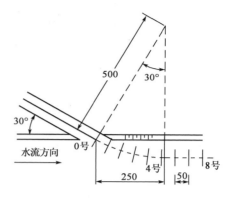

图1-4-13　流速测点布置图(尺寸单位:m)

4.5.2　试验成果及分析

图1-4-14绘出了转弯半径为500m,引航道与河道斜向交叉布置时,不同夹角的航线变化情况,表1-4-6为不同夹角和河道平均流速时口门区各测流断面的流速情况。从中可知,随着斜向角度的增大,口门区在弯道航线的范围越大,由20°时的170m增加到45°时的354m,水流与航线的最大夹角也由20°增大到45°,船模进出引航道所受的斜流作用范围也大。当斜向布置夹角小于或等于25°,河道流速小于或等于1.5m/s时,超标的横向流速范围小于2/3倍船长,通航水流条件基本满足要求。

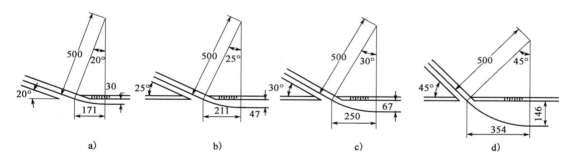

a)　　　　　　　　b)　　　　　　　　c)　　　　　　　　d)

图1-4-14　不同夹角的航线情况(尺寸单位:m)

船模航行试验表明:①船模上行转弯进入引航道,斜向水流使其向岸漂移,船模航行需采用一定的挂高措施,转弯时艏向角不宜过大,同时依靠水流作用,使船模斜向进入引航道。船模航速越大,越容易进入引航道,图1-4-15为2×1000t级船模上行进口门时的航行轨迹。②1顶2×500t和1顶2×1000t船队航行条件相差不大。当斜向布置夹角为25°,河道流速为1.5m/s时,1顶2×500t船模最大舵角为20°,最大漂角10°,1顶2×1000t船模最大舵角为19°,最大漂角9°,满足航行要求;当斜向布置夹角为20°,河道流速为2.0m/s时,1顶2×500t船模最大舵角为19°,最大漂角9°,1顶2×1000t船模最大舵角为15°,最大漂角5°,满足航行条件。

试验方案二的口门区流速 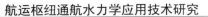 表1-4-6

夹角	断面号	河道流速1.0m/s				河道流速1.5m/s				河道流速2.0m/s				河道流速2.5m/s			
		V	α	V_y	V_x	V	α	V_y	V_x	V	α	V_y	V_x	V	α	V_y	V_x
20°	0	1.00	20.0	0.94	0.34	1.50	20.0	1.41	0.51	2.00	20.0	1.88	0.68	2.50	20.0	2.35	0.86
	1	1.00	14.0	0.97	0.24	1.50	14.0	1.46	0.36	2.00	14.0	1.94	0.48	2.50	14.0	2.43	0.60
	2	1.00	9.0	0.99	0.16	1.50	9.0	1.48	0.23	2.00	9.0	1.98	0.31	2.50	9.0	2.47	0.39
	3	1.00	0.0	1.00	0.00	1.50	0.0	1.50	0.00	2.00	0.0	2.00	0.00	2.50	0.0	2.50	0.00
	4~8	1.00	0.0	1.00	0.00	1.50	0.0	1.50	0.00	2.00	0.0	2.00	0.00	2.50	0.0	2.50	0.00
25°	0	1.00	25.0	0.91	0.42	1.50	25.0	1.36	0.63	2.00	25.0	1.81	0.85	2.50	25.0	2.27	1.06
	1	1.00	19.0	0.95	0.33	1.50	19.0	1.42	0.49	2.00	19.0	1.89	0.65	2.50	19.0	2.36	0.81
	2	1.00	14.0	0.97	0.24	1.50	14.0	1.46	0.36	2.00	14.0	1.94	0.48	2.50	14.0	2.43	0.60
	3	1.00	8.0	0.99	0.14	1.50	8.0	1.49	0.21	2.00	8.0	1.98	0.28	2.50	8.0	2.48	0.35
	4~8	1.00	0.0	1.00	0.00	1.50	0.0	1.50	0.00	2.00	0.0	2.00	0.00	2.50	0.0	2.50	0.00
30°	0	1.00	30.0	0.87	0.50	1.50	30.0	1.30	0.75	2.00	30.0	1.73	1.00	2.50	30.0	2.17	1.25
	1	1.00	24.0	0.91	0.41	1.50	24.0	1.37	0.61	2.00	24.0	1.83	0.81	2.50	24.0	2.28	1.02
	2	1.00	14.0	0.97	0.24	1.50	14.0	1.46	0.36	2.00	14.0	1.94	0.48	2.50	14.0	2.43	0.60
	3	1.00	19.0	0.95	0.33	1.50	19.0	1.42	0.49	2.00	19.0	1.89	0.65	2.50	19.0	2.36	0.81
	4	1.00	13.0	0.97	0.22	1.50	13.0	1.46	0.34	2.00	13.0	1.95	0.45	2.50	13.0	2.44	0.56
	5	1.00	7.0	0.99	0.12	1.50	7.0	1.49	0.18	2.00	7.0	1.99	0.24	2.50	7.0	2.48	0.30
	6~8	1.00	0.0	1.00	0.00	1.50	0.0	1.50	0.00	2.00	0.0	2.00	0.00	2.50	0.0	2.50	0.00
45°	0	1.00	45.0	0.71	0.71	1.50	45.0	1.06	1.06	2.00	45.0	1.41	1.41	2.50	45.0	1.77	1.77
	1	1.00	39.0	0.78	0.63	1.50	39.0	1.17	0.94	2.00	39.0	1.55	1.26	2.50	39.0	1.94	1.57
	2	1.00	34.0	0.83	0.56	1.50	34.0	1.24	0.84	2.00	34.0	1.66	1.12	2.50	34.0	2.07	1.40
	3	1.00	28.0	0.88	0.47	1.50	28.0	1.32	0.70	2.00	28.0	1.77	0.94	2.50	28.0	2.21	1.17
	4	1.00	22.0	0.93	0.37	1.50	22.0	1.39	0.56	2.00	22.0	1.85	0.75	2.50	22.0	2.32	0.94
	5	1.00	16.0	0.96	0.28	1.50	16.0	1.44	0.41	2.00	16.0	1.92	0.55	2.50	16.0	2.40	0.69
	6	1.00	11.0	0.98	0.19	1.50	11.0	1.47	0.29	2.00	11.0	1.96	0.38	2.50	11.0	2.45	0.48
	7	1.00	5.0	1.00	0.09	1.50	5.0	1.49	0.13	2.00	5.0	1.99	0.17	2.50	5.0	2.49	0.22
	8	1.00	0.0	1.00	0.00	1.50	0.0	1.50	0.00	2.00	0.0	2.00	0.00	2.50	0.0	2.50	0.00

因此,当引航道与河道斜向布置,1顶2×1000t和1顶2×500t航行的船队条件,口门区和连接段的水流流速为1.5m/s时,引航道与河道斜向布置夹角宜小于或等于25°;口门区和连接段的水流流速为2.0～2.5m/s时,夹角宜小于或等于20°。

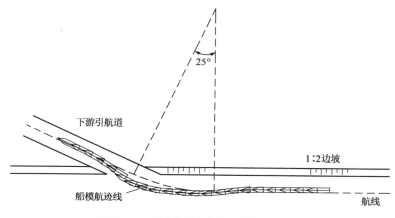

图1-4-15 斜向布置方案的船模航行轨迹图

4.6 主要结论和认识

4.6.1 主要结论

(1)引航道与河流主航道的夹角对引航道口门区和连接段的通航水流条件影响较大,夹角越大,船舶进出引航道越困难。对于上游引航道,船舶顶流出引航道的航行条件要好于船舶顺流进引航道,对于下游引航道,由于船舶是顶流进引航道和顺流出引航道,其航行条件一般要好于上游引航道。

(2)船闸布置在弯道凸岸附近,堤头距弯道200m,1顶2×1000t和1顶2×500t航行船队条件,当河道平均流速为1.5～2.0m/s时,对应于口门区和连接段水流流速为1.8～2.5m/s时,转弯夹角宜小于20°。

(3)引航道与河道斜向布置,1顶2×1000t和1顶2×500t航行船队条件,当口门区和连接段的水流流速为1.5m/s时,引航道与河道斜向布置夹角宜小于或等于25°;当口门区和连接段的水流流速为2.0～2.5m/s时,夹角宜小于或等于20°。

(4)本次研究成果是通过概化物理模型和船模航行试验得来,鉴于概化模型没有考虑边界和地形的影响,因此对于具体工程还应结合实际情况进行分析,提出的一些结论有待于工程实践检验。

4.6.2 主要认识

引航道与河流主航道夹角的问题实际主要涉及通航建筑物的布置。允许夹角的大小,与坝区河势和河道水流条件等因素有关。对于山区河流而言,河道迂回曲折,顺直河段相对较短,河道流速普遍较大,试验表明,引航道与河流主航道的允许夹角一般应小于或等于20°,因此建议修订规范时,进一步给出不同河道流速对应的允许夹角。

本章参考文献

[1] 中华人民共和国行业标准.JTJ 305—2001 船闸总体设计规范[S].北京:人民交通出版社,2001.

[2] 中华人民共和国行业标准.JTJ 220—98 渠化工程枢纽总体布置设计规范[S].北京:人民交通出版社,1998.

[3] 中华人民共和国行业标准.JTS 182-1—2009 渠化工程枢纽总体设计规范[S].北京:人民交通出版社,2009.

[4] 董士镛.通航建筑物[M].中国水利水电出版社,1998.

[5] 梁应辰,等.长江三峡、葛洲坝水利枢纽通航建筑物总体布置研究[M].人民交通出版社,2003.

[6] 郝品正,李一兵.湘江大源渡航运枢纽及坝下河段整体水工模型试验研究报告[R].天津:交通部天津水运工程科学研究所,1992.

[7] 李焱,李金合,周华兴.那吉航运枢纽船闸布置及其通航条件试验研究[J].水运工程,2004(8):50-54.

[8] 周华兴.船闸通航水力学研究[M].哈尔滨:东北林业大学出版社,2007.

[9] 潘雅真.贵港航运枢纽船闸引航道口门区水流条件研究[J].水运工程,1996(7).

[10] 中华人民共和国行业标准.JTJ/T 232—98 内河航道与港口水流泥沙模拟技术规程[S].北京:人民交通出版社,1998.

[11] 王敏芳,卢文蕾,陈作强.通航建筑物口门区及连接段通航水流条件专题研究报告[R].成都:四川省交通厅交通勘察设计研究院,2006.

[12] 李焱,周华兴.山区河流通航建筑物引航道与河流主航道不同夹角对通航条件的影响概化模型试验报告[R].天津:交通运输部天津水运工程科学研究所,2008.

第5章　通航水流条件改善措施的研究

影响通航水流条件的因素较多,归纳起来有以下几个方面:①从通航建筑物布置角度,有河势和地形条件、枢纽建筑物布置形式、引航道尺度和口门位置、堤头形式、主航道与引航道夹角等影响;②从枢纽运行角度而言,有河道流量、泄水闸开启方式、电站日调节和船闸灌泄水产生的非恒定流等。采用概化物理模型并结合国内外相关工程的实践与研究成果,对通航水流条件的改善措施进行了试验和总结,得到一些共性的成果,为工程设计提供指南。

5.1　船闸凸岸布置时改善措施的概化模型试验

试验在第四章的概化模型上进行,针对弯曲河道中船闸凸岸布置形式,开展了3种改善措施的试验:①改变导航堤堤头距弯道距离;②改变航线转弯半径;③改变泄水闸开启方式。

5.1.1　导航堤堤头距弯道不同距离对通航水流条件的影响试验

1)试验条件

试验针对上游引航道进行,引航道宽度40m,口门宽60m,口门区长度400m,弯道转弯半径500m,航道水深5.0m。弯曲河道夹角为30°,电站和泄水闸门全开,河道平均流速1.5m/s,堤头距弯道的距离分别为0m、200m、400m、600m(图1-5-1)。

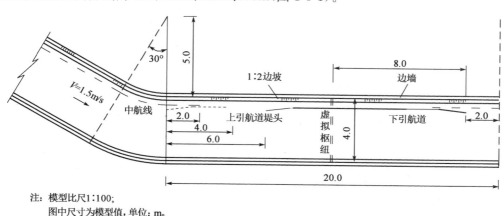

注: 模型比尺1:100;
　　图中尺寸为模型值,单位:m。

图1-5-1　上游导航堤堤头距弯道不同距离

2)试验成果分析

堤头距弯道不同距离时口门区和连接段的流场见图1-5-2,口门区横向流速情况见表1-5-1。在概化模型中,由于河岸边界平顺,连接段水流比较平顺,受引航道静水的顶托作用,口门区前 200m 范围的水流向右偏转，产生斜流。堤头距弯道起点 0m、200m 和 400m 时的横向流速相差不大，堤头距弯道起点 600m 时的横向流速略小，但流场分布有一定的差异，并对船队航行产生不同影响。

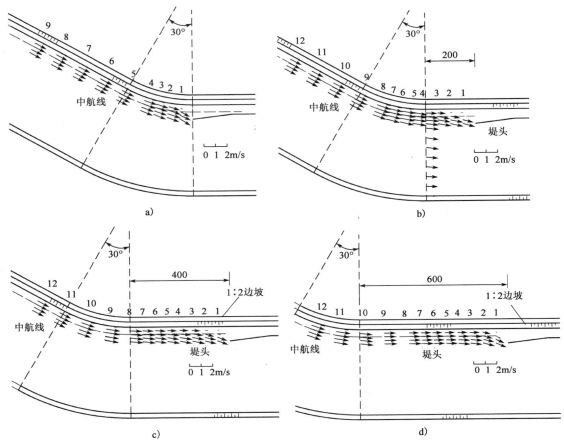

图 1-5-2　堤头距弯道不同距离时口门区和连接段的流场(尺寸单位:m)

堤头距弯道不同距离时上游口门区横向流速统计　　　　　　　　　　　　表 1-5-1

试　验　条　件				上　游　口　门　区					备　注
θ (°)	R (m)	V (m/s)	L (m)	α_{max} (°)	V_{ymax} (m/s)	V_{xmax} (m/s)	$V_{xmax平}$ (m/s)	$V_x>0.3$m/s 的点数	
30°	500	1.5	0	30	1.93	0.61	0.39	5	各种情况下，超标的横向流速测点点均在前100m范围内
			200	21	1.83	0.52	0.37	4	
			400	21	1.85	0.51	0.37	5	
			600	23	1.66	0.49	0.31	3	

注:θ-引航道与河流主航道不同夹角;R-弯道转弯半径;L-堤头距弯道起点的距离;α_{max}-口门区斜流角度;V_{ymax}-口门区最大纵向流速;V_{xmax}-口门区最大横向流速;$V_{xmax平}$-堤头前1~4号测流断面最大横向流速的平均值。

堤头距弯道起点 0m 时，口门区位于弯道弧长 262m 和弯道上游 138m 河段，口门区的水流由弯道水流和斜向水流共同组成，相互重叠，对船舶航行影响较大。上行船队出口门时需操右舵转弯，如操舵过早，受横流作用，船尾易扫堤头，如操舵过晚，船体易漂至河道中间;下行船队要求转弯进口门,船队操纵更为困难,进口门时如操舵过早,当船头进口门后,往往口门外的船尾受横流作用而使船体打横,船头撞岸,如操舵过晚,则船体斜向横漂,撞上堤头,因此通航水流条件不满足船队安全进出口门要求。

堤头距弯道起点200m时,口门区位于弯道下游200m直线河段和弯道弧长200m,口门区的水流由弯道水流和斜向水流共同组成,部分重叠。对比0m距离,该条件下口门区有200m处在直线段,给船模转弯后进出口门有调顺船位的空间,船模航行条件要好于前者。上行船队能满足通航条件,下行船队仍不满足通航条件。

堤头距弯道起点400m和600m时,口门区斜向水流与弯道水流分开,口门区处在直线段,弯道对船队进出口门的影响较小,船模有较充分的水域调顺船位进入口门。上下行船队均可安全进出口门,满足通航条件。

综上所述,上游导航堤堤头距弯道不同距离对船队航行条件影响很大,口门区的直线段越长,弯道对船队进出口门的影响越小,船队有较充分的水域调顺船位进入口门,堤头距弯道的距离宜大于2.5倍船长。

5.1.2　不同转弯半径对通航水流条件影响的试验

1)试验条件

试验针对上、下游引航道进行,引航道宽度40m,口门宽60m,口门区长度400m,航道水深5.0m,弯曲河道夹角为60°,河道弯曲半径为500m,电站和泄水闸门全开,河道平均流速为1.5m/s和2.0m/s,堤头距弯道的距离为200m,航道转弯半径分别为500m、600m、700m、800m。

2)试验成果分析

试验成果见表1-5-2和图1-5-3。试验表明,改变航线转弯半径时,对于口门区后200m因测点位置变化使得流速也略有变化,但变化并不大,主要是口门区后200m范围的曲率变化还不是十分明显,水流与航线的夹角变化不大的缘故。

不同转弯半径时下游口门区和连接段通航水流条件　　　　表1-5-2

试 验 条 件			下 游 口 门 区						连 接 段		
	R (m)	V (m/s)	V_{max} (m/s)	α_{max} (°)	V_{ymax} (m/s)	V_{xmax} (m/s)	$V_{xmax平}$ (m/s)	$V_x >$ 0.3m/s 的点数	α_{max} (°)	V_{ymax} (m/s)	V_{xmax} (m/s)
上游引航道	500	1.5	1.93	35	1.93	0.68	0.42	5	3	1.93	0.10
		2.0	2.43	26	2.43	0.49	0.45	9	5	2.46	0.21
	600	1.5	1.86	35	1.86	0.68	0.42	5	7	1.89	0.21
		2.0	2.43	26	2.42	0.49	0.45	9	9	2.59	0.36
	700	1.5	1.86	35	1.85	0.68	0.42	5	13	1.89	0.36
		2.0	2.40	26	2.37	0.49	0.45	15	14	2.39	0.52
	800	1.5	1.83	35	1.82	0.68	0.42	5	15	1.85	0.42
		2.0	2.43	26	2.41	0.49	0.45	17	15	2.40	0.58
下游引航道	500	1.5	1.86	33	1.86	0.67	0.51	12	4	1.86	0.13
		2.0	2.44	30	2.43	1.01	0.70	13	4	2.45	0.17
	600	1.5	1.93	33	1.92	0.67	0.49	12	10	1.90	0.33
		2.0	2.46	34	2.45	1.01	0.69	18	8	2.46	0.34

试验条件			下游口门区						连接段		
下游引航道	700	1.5	1.93	33	1.92	0.67	0.49	11	13	1.90	0.43
		2.0	2.46	40	2.45	1.01	0.71	18	12	2.46	0.51
	800	1.5	1.94	33	1.92	0.67	0.49	11	15	1.90	0.49
		2.0	2.46	40	2.45	1.01	0.71	19	15	2.45	0.64

注：R-航道转弯半径；V-河道平均流速；V_{max}-口门区和连接段测点的最大流速；α_{max}-流向与航线的夹角；V_{ymax}-最大纵向流速；V_{xrmax}-最大横向流速；$V_{xrmax平}$-堤头前 1~4 号测流断面最大横向流速的平均值。

对于连接段，随着航线转弯半径的增大，连接段水流流向与航线的夹角增大，横向流速也随之增大。以河道平均流速 1.5m/s 为例，航线转弯半径由 500m 变为 800m，上游连接段斜流夹角由 3° 变为 15°，横向流速由 0.1m/s 变为 0.42m/s。下游连接段转斜流夹角由 4° 变为 15°，横向流速由 0.13m/s 变为 0.49m/s，通航水流条件变差。

综上所述，航线的转弯半径应与河道的弯曲半径相一致，这样整个航线的水流条件较为平顺，当增大航线的转弯半径大于河道的弯曲半径时，往往使航线与河道水流夹角变大，反而不利于船舶进出口门。

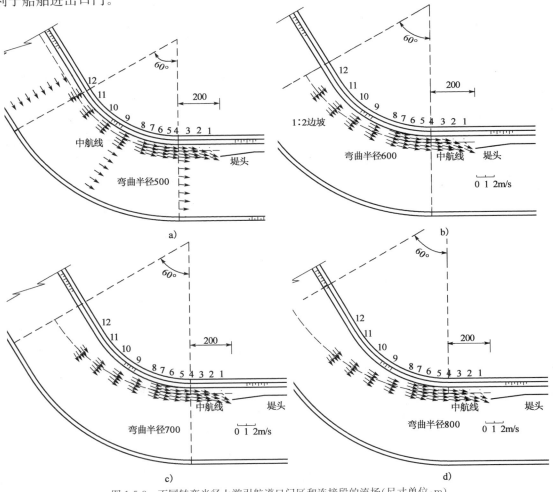

图 1-5-3 不同转弯半径上游引航道口门区和连接段的流场（尺寸单位：m）

5.2　泄水闸门不同开启方式对下游通航水流条件影响试验

泄水闸门依上游径流量的变化有多种开启方式,在枯水期采用的开启方式有均匀或分散开启、集中或区段开启,以及分段间隔开启等,在洪水期则使用全开敞泄。泄水闸不同开启方式会在闸坝下游形成不同的压力场和流速场,造成下游航道不同的水流结构,从而影响到船舶进出引航道口门[1-5]。结合概化物理模型开展相关试验,并对有关工程试验成果进行归纳总结。

5.2.1　概化物理模型试验

试验针对下游航道进行。概化物理模型和枢纽建筑物布置情况见第 4 章图 1-4-5 和图 1-4-6,试验条件为:河流弯道曲率半径 500m,转弯圆心角 30°,船闸引航道宽 40m,导堤为直立式,堤头距弯道起点 200m,口门宽 60m,口门区长度 400m,宽 60m,水深 5m。河道平均流速 1.5m/s。试验组次如下:

①电站全开,泄水闸门均匀开启 6 孔(全开状态,下同),开启 2、4、6、8、10、12 号孔。

②电站全开,右岸泄水闸门开启 6 孔,开启 1~6 号孔。

③电站全开,中间泄水闸门开启 6 孔,开启 5~10 号孔。

④电站全开,左岸泄水闸门开启 6 孔,开启 8~13 号孔。

河道和口门区、连接段的流速及流态见图 1-5-4~图 1-5-7 和表 1-5-3。从中可知:

(1)泄水闸门均匀开启 6 孔(图 1-5-4),河道断面流速分布较均匀,河道中没有回流,水流至转弯段时向左偏 8°~10°,最大流速为 2.33m/s。水流经下游堤头后向口门区扩散,在口门区前 350m 范围航道中心线右侧产生向左的斜流,角度 11°~25°,同时口门区前 200m 范围有回流,平均回流流速为 0.43m/s。口门区最大纵向流速为 1.83m/s,最大横向流速为 0.54m/s,平均横向流速为 0.36m/s。

(2)泄水闸门开启右侧 6 孔(图 1-5-5),河道横断面流速分布不均匀,水流从右侧下泄后向左扩散,斜流角度为 15°~30°,并河道左侧形成大片回流区,回流长度约 550m,宽度约 150m,在弯道右侧形成两个小的回流区,河道最大流速 3.70m/s。口门区前 250m 范围有较大斜流,角度为 11°~31°,斜流横向方向影响到中心线左侧,口门区前的回流范围减小为 120m,平均回流流速为 0.26m/s。口门区最大纵向流速为 2.33m/s,最大横向流速为 0.56m/s,平均横向流速为 0.46m/s。

(3)泄水闸门开启中间 6 孔(图 1-5-6),河道断面流速分布不均匀,枢纽下游 200m 范围有 3 个回流区,河道流速流向变化较大,右侧流速明显小于左侧,河道最大流速为 3.66m/s。口门区的斜流角度为 8°~28°,斜流横向方向影响到中心线左侧,口门区前 200m 形成强度较大的回流,回流最大流速为 1.1m/s。口门区最大纵向流速为 3.20m/s,最大横向流速为 0.87m/s,平均横向流速为 0.42m/s。

(4)泄水闸门开启左侧 6 孔(图 1-5-7),河道断面流速分布不均匀,在电站与开启的闸孔中间河段产生较大回流区,电站下方也形成小回流区,堤头至枢纽之间的流速流态较紊乱,河道最大流速为 4.26m/s。由于下泄主流沿导航堤方向，导航堤扩大段将水流向右侧偏导，使得口门区的斜流下移 100m，角度为 5°～30°，斜流横向方向影响到中心线左侧，口门区前 200m 形成回流，最大回流速度为 1.06m/s。口门区最大纵向流速为 3.19m/s，最大横向流速为 1.32m/s，平均横向流速为 0.41m/s。

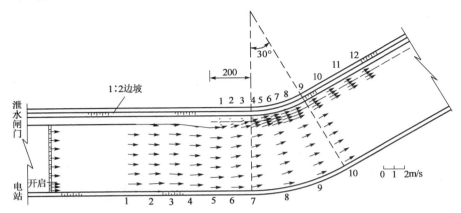

图 1-5-4　电站全开，闸门均匀开 6 孔，下游河道、口门区和连接段的流速及流态(尺寸单位:m)

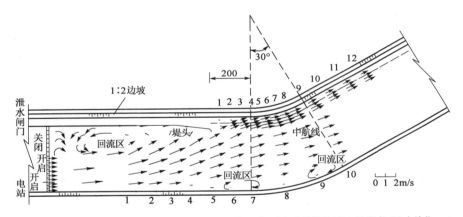

图 1-5-5　电站全开，右侧 6 孔闸门开启，下游河道、口门区和连接段的流速及流态(尺寸单位:m)

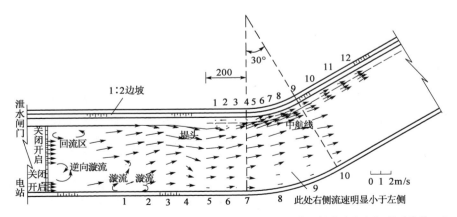

图 1-5-6　电站全开，中间 6 孔闸门开启，下游河道、口门区和连接段的流速及流态(尺寸单位:m)

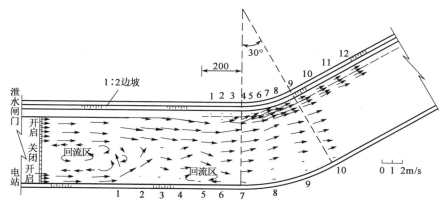

图 1-5-7　电站全开,左侧 6 孔闸门开启,下游河道、口门区和连接段的流速及流态(尺寸单位:m)

闸孔不同开启方式对河道、口门区和连接段的流速变化　　　　表 1-5-3

工况	河道水流流态		口门区水流流态							连接段水流流态	
	流态	最大流速 (m/s)	最大流速 (m/s)	最大斜流角度 (°)	最大纵向流速 (m/s)	最大横向流速 (m/s)	平均横向流速 (m/s)	最大回流流速 (m/s)		最大纵向流速 (m/s)	最大横向流速 (m/s)
均匀开启	平顺	2.33	1.90	25	1.83	0.54	0.36	0.63		1.83	0
右侧 6 孔开启	不均,3 个回流	3.70	2.33	31	2.33	0.56	0.46	0.26		2.1	0.17
中间 6 孔开启	紊乱,3 个回流	3.66	3.20	28	3.20	0.87	0.42	1.10		2.26	0.44
左侧 6 孔开启	不均,2 个回流	4.26	3.20	30	3.19	1.12	0.41	1.06		2.56	0.45

注:平均横向流速指口门区前 1~4 号断面中心线右侧两个测点的横向流速平均值。

综上分析,可知:

①闸门开启方式对大坝至下游口门区之间河道的流速、流态影响较大,均匀开启时,河道横向水流分布均匀,河道最大流速为 2.33m/s;当闸门分区开启时,河道水流紊乱,形成回流,同时下泄位置水流流速大,最大流速增至 3.66~4.26m/s,增加了 60%~80%。

②闸门开启方式对下游口门区和连接段的流速、流态有影响。均匀开启时,口门区的斜流角度较其他方式小些,横向流速也最小,连接段水流最为平顺。

5.2.2　其他研究成果

(1)在贵港航运枢纽整体水工模型(图 1-5-8)试验中[1],针对 $Q=7000\text{m}^3/\text{s}$、$6000\text{m}^3/\text{s}$ 和 $5250\text{m}^3/\text{s}$ 的水位流量组合进行了泄水闸门不同开启方式的水流条件试验,得到的结论是:通过左坝段 1~6 号闸孔的流量与中坝段 7~12 号闸孔的流量要基本相等,差值宜控制在 10% 以内,下游口门区的水流条件才能较好,如果通过 1~6 号闸孔的流量远大于通过 7~12 号闸孔的流量时,集中在 1~6 号闸孔的水流直冲下口门区,得不到 7~12 号闸孔适当下泄流量的顶托时,下游下口门区的水流流态恶化,纵、横流速加大,将无法满足通航水流条件的要求。该试验还根据各级水位流量,总结整理出满足通航水流条件的闸孔开启高度的关系曲线,为枢纽运行时闸门开启方式提供了依据。

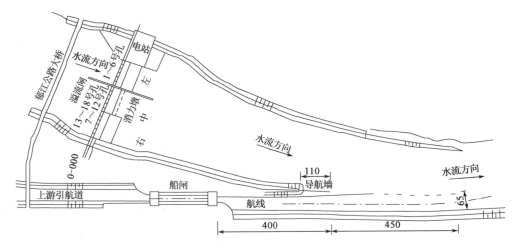

图 1-5-8 贵港航运枢纽整体水工模型图(尺寸单位:m)

(2)在沙溪航电枢纽整体水工模型试验中[3],根据坝区河势和船闸口门区及连接段的水流特点,通过调整泄水闸的位置,增加了船闸一侧的泄水流量,使上游引航道口门区附近的河道流速增加以减小泥沙淤积,同时也缩小了下引航道口门区和连接段的回流范围,改善了通航水流条件。

(3)在《船闸引航道口门区通航水流条件》[4]一文中,认为泄水闸的开启方式对上游引航道口门区影响不大,因为建坝后,水位抬高,水深增加,且口门区离泄水闸相距一定距离。闸孔不同开启方式主要影响下游水流,试验曾分别开启远离引航道的1~5号闸孔,与靠近引航道的6~10号闸孔,结果表明:开启临近船闸的闸孔较之开启远离船闸的闸孔会改善下游口门区航行条件,西德联邦水工研究所在研究船闸引航道口门区横向流速时,得到类似的结论。

(4)美国有关部门在总结通航枢纽的模型试验和工程实践时,指出经常开启紧靠船闸一侧的闸门,可以减少泥沙在引航道口门附近的淤积。

(5)《草街航电枢纽工程通航关键技术研究总报告》[5]一文中,提出泄水闸闸门"对称、均匀、同步"开启的调度原则和运行方案,对于改善下游消能和船闸引航道口门区的通航条件十分重要。

5.2.3 小结

合理确定泄水闸开启方式可以改善船闸通航水流条件。尽管枢纽工程的边界条件复杂,船闸与电站同岸或异岸布置,泄水闸的开启方式应遵循以下原则:①分散均匀开启为主、分区段联合开启为辅;②避免集中开启;③应注意岸侧凸嘴等不利的边界条件;④枢纽上下游河道较顺直时,为减小水流流向与引航道轴线的夹角,宜开启靠近船闸的闸孔。

5.3 导航墙开孔对通航水流条件影响试验

导航墙(堤)开孔是改善口门区通航水流条件常见的工程措施之一[6-9],但开孔也加大了引航道内的流速,对船舶的航行和停泊构成影响。采用概化物理模型,试验研究了开敞式开孔和淹没式开孔不同位置、不同开孔率和不同孔口淹没水深对口门区和引航道内通航水流条件的影响,并结合国内外的有关研究成果,提出了导航墙开孔的布置原则。

5.3.1　导航堤开孔的概化物理模型试验

1)模型概况[10]

试验选择Ⅲ级航道,标准船型为1顶2×1000t级船队,其尺度为160m×10.8m×2.0m(长×宽×吃水)。引航道底宽40m,水深3.0m,岸坡1∶2,直立导航堤宽2m,直线段长1000m,扩大段长度162m,口门宽为60m。概化模型为定床正态,比尺为1∶60,按重力相似准则设计,模型总长43m、宽6m、高0.65m,一端设量水堰和平水槽,以满足进流及调节水位的功能,另一端布置引航道和调水尾门,模型布置情况见图1-5-9。

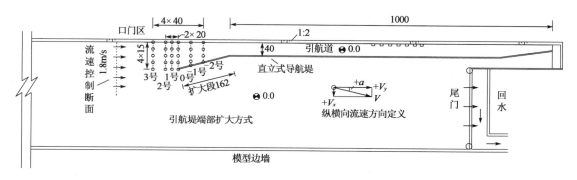

图1-5-9　引航道模型布置图(尺寸单位:m)

2)试验条件和方法

(1)河道流速设定

Ⅲ级河道流速一般在2.0~2.5m/s,口门区流速不宜超过2.0m/s。试验设定口门区最大纵向流速为1.8m/s,流速控制断面位置见图1-5-9。

(2)开敞式开孔(导流墩)布置

开敞式开孔即在引航道导航墙端部布置导流墩,导流墩形式通常为方形和菱形。根据相关工程实践,一般导流墩的墩宽2.0~4.0m,间距5.6~10m,墩数5~10,故本次试验平行引航道轴线布置7个导流墩,墩宽2.0m,净距7.7m,方形墩中心距离9.7m,菱形墩中心距10.5m,见图1-5-10。

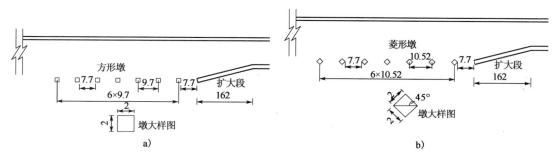

图1-5-10　两种形式的导流墩布置示意图(尺寸单位:m)

（3）淹没式开孔布置

在扩大段162m范围内开孔，分前、中、后1/3段（长54m）开6孔；前2/3段、后2/3段（长108m）开12孔；162m范围内全开18孔（图1-5-11）6种开孔位置方案。孔大小有6m×1m、6m×2m、6m×2.5m和6m×3m（长×高），高度从河床底部算起。

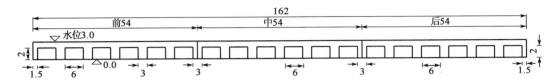

图1-5-11　淹没式开孔布置图（尺寸单位：m）

（4）试验方法和数据处理

试验放恒定流，控制口门区最大纵向流速为1.8m/s。当流量、流速和水位稳定后，观测口门区与引航道内的流速、流态。先进行不开孔试验，然后导航墙上布置开孔。测流断面和测点间距见图1-5-9。由于概化模型没有地形，3号断面以上的流速与3号断面基本相同，而－2号断面以下向引航道内的流速很小，因此设置的6个断面基本反映了概化模型中口门区和引航道内的水流情况。

在不同开孔情况对口门区和引航道水流条件的影响分析中，选用了口门区和引航道的最大流速和平均流速来衡量，最大流速为1～3号各断面中2～5号测点中的最大值；平均流速为1号和2号断面中3号、4号、5号测点的平均值（注：各测流断面的测点编号从左至右依次为1～5号测点）。引航道内平均流速为－1号和－2号断面右侧2～3个测点的平均值。

3）导航墙前加导流墩（开敞式）试验成果分析

无导流墩、7个方形墩和7个菱形墩的口门区流速情况比较见表1-5-4，从中可知：

（1）导航墙端部设置导流墩，对口门区斜向流速的大小影响不大，但对减小流向角有一定效果，无墩、方墩和菱形墩的平均流向角分别为34°、28.7°和25.2°，菱形墩要优于方形墩；导流墩引航道内的水流条件影响很小。

（2）由于流向角变小，口门区横向流速减小，通航水流条件得到改善。无墩、方墩和菱形墩口门区最大横向流速分别为1.00m/s、0.93m/s和0.82m/s，平均横向流速分别为0.80m/s、0.68m/s和0.59m/s，菱形墩略优于方形墩。

（3）以上规律对于口门区的具体某个测点，可能有所不同，说明导航墙加墩对口门区不同测点流速、流态的影响是不同的。在控制流速1.8m/s情况下，导流墩虽然阻挡了水流在口门区的扩散，但横向流速仍超标，未能达到通航水流标准。

导航墙端部无墩和有墩口门区流速情况比较［单位：V(m/s)；α(°)］　　　　表1-5-4

比较内容	无墩				7个方形墩				7个菱形墩			
最大横向流速比较	V	α	$V_{x\max}$	V_y	V	α	$V_{x\max}$	V_y	V	α	$V_{x\max}$	V_y
	1.50	42	1.00	1.11	1.45	40	0.93	1.11	0.90	65	0.82	0.38
平均流速比较	V_p	α_p	V_{xp}	V_{yp}	V_p	α_p	V_{xp}	V_{yp}	V_p	α_p	V_{xp}	V_{yp}
	1.46	34	0.80	1.21	1.42	28.7	0.68	1.24	1.42	25.2	0.59	1.28

4)导航墙淹没式开孔试验成果及分析

(1)不同开孔位置的影响

不同开孔位置时的口门区、引航道内最大流速和平均流速情况见表1-5-5。试验表明：

①导航堤开孔后，引航道内引入水流，口门区的斜流角明显减小，虽然纵向流速略有增大，但横向流速仍明显减小：在开6孔的工况中，口门区的横向流速减小约50%；在开12孔的工况中，口门区的横向流速减小约60%，纵向流速则增大约6%。

②导航墙开孔后，引航道内右侧斜向水流从开孔处流出，左侧为回流，引航道内纵、横向流速均增大。若按规范要求制动段和停泊段的水面最大流速纵向不应大于0.5m/s，最大横向流速不应大于0.15m/s，则均超标。

③前1/3、中1/3、后1/3三种开孔位置对口门区的横向流速的改善效果相差不大；对引航道内水流条件影响而言，后1/3段开孔的影响范围最大，前1/3段开孔的影响范围最小，后1/3段开孔对纵横向流速的影响略小于前两者。

④前2/3开12孔和后2/3开12孔均加大了口门区的纵向流速，进一步减小了横向流速，同时增加了引航道内的纵向流速。后者对口门区和引航道内横向流速的改善要优于前者，但对引航道内水流条件的影响范围要大于前者。

综上所述，最佳开孔位置要综合考虑对口门区和引航道内水流条件的影响，同时开孔位置与开孔大小、开孔率等因素有关，对于实际工程，最佳开孔位置还需根据实际工程的边界条件、水流条件和开孔情况依据模型试验来确定。

不同开孔位置时的口门区和引航道水流条件比较[单位:V(m/s);α(°)] 表1-5-5

开孔数量	开孔位置	孔大小 6m×2m,控制流速 1.8m/s															
		口门区最大流速				引航道最大流速				口门区平均流速				引航道平均流速			
		V_{max}	α_{max}	V_{xmax}	V_{ymax}	V_{max}	α_{max}	V_{xmax}	V_{ymax}	V_p	α_p	V_{xp}	V_{yp}	V_p	α_p	V_{xp}	V_{yp}
6	前1/3	1.65	16	0.52	1.65	1.24	20	0.41	1.20	1.49	11.7	0.30	1.45	1.14	15.5	0.31	1.06
	中1/3	1.63	20	0.51	1.62	1.32	35	0.37	1.21	1.43	11.3	0.29	1.39	1.02	14.1	0.22	0.99
	后1/3	1.65	20	0.54	1.62	1.06	5	0.05	1.06	1.46	11.8	0.30	1.42	1.00	2.0	0.03	1.00
12	前2/3	1.78	15	0.43	1.78	1.47	15	0.38	1.42	1.61	8.3	0.24	1.60	1.27	10.7	0.38	1.24
	后2/3	1.73	11	0.33	1.73	1.50	8	0.21	1.50	1.61	7.7	0.21	1.61	1.42	2.0	0.14	1.41
不开孔		1.55	42	1.0	1.54	0.31	10	0.14	0.30	1.55	34.0	0.80	1.04	0.17	5.0	0.07	0.17

(2)不同开孔率对水流条件的影响分析

开孔率有两种计算方法：①开孔率ω_1＝开孔面积(S_k)/导航墙开孔段总面积(S_z)，式中，S_z指从水面至河床底部的高度×导航墙开孔的长度；②开孔率ω_2＝开孔面积(S_k)/引航道口门处横断面面积(S_h)。对于第一种计算方法在国内的工程设计和德国导航墙开孔实践中使用，第二种方法则在美国的工程实践中使用。不同开孔情况下两种开孔率计算方法的结果见表1-5-6。对于第一种计算方法，当开孔面积增大时，由于开孔的长度也变化，计算得到的开孔率不变，而此时不同开孔面积对口门区与引航道的水流条件的影响是不同的；对于第二种计算方法，由于进入引航道内的水流从引航道口门处开始，其物理概念较为明确，因此用ω_2来衡量开孔率的影响更合理些。

两种计算方法开孔率的计算结果　　　　　　　　　　表 1-5-6

开孔大小 (长×高)(m)	开孔位置 和范围	开孔 数量	开孔面积 S_k (m^2)	S_z (m^2)	S_h (m^2)	开孔率 $\omega_1=S_k/S_z$	开孔率 $\omega_2=S_k/S_h$
6×1	1/3 段开孔	6	36	162	180	0.22	0.2
	2/3 段开孔	12	72	324			0.4
	全开	18	108	486			0.6
6×2	1/3 段开孔	6	72	162		0.44	0.4
	2/3 段开孔	12	144	324			0.8
	全开	18	216	486			1.2

　　以第二种开孔率 ω_2 为参数,不同开孔率下对口门区和引航道水流条件的影响情况见表 1-5-7 和图 1-5-12。试验表明:①随着开孔率的增大,口门区横向流速明显减小,纵向流速有增大的趋势;引航道纵向流速明显增大,横向流速有增大趋势。由于开孔位置和范围的不同,变化呈波动状;②综合考虑开孔对口门区和引航道的水流条件影响,以船舶(队)长度范围内的平均流速作为衡量指标[19],开孔率 ω_2 在 0.8~1.0 范围较好,此时口门区和引航道内的水流条件均基本满足要求。

不同开孔率下口门区和引航道的水流条件[单位:V(m/s)]　　　　表 1-5-7

开孔位置 及数量	孔大小 (长×高) (m)	开孔率 ω_2	口门区				引航道			
			最大值		平均值		最大值		平均值	
			V_{xmax}	V_{ymax}	V_{xp}	V_{yp}	V_{xmax}	V_{ymax}	V_{xp}	V_{yp}
不开孔	0×0	0.0	0.92	1.6	0.78	0.86	—	—	—	—
前 1/3 开 6 孔	6×1	0.2	0.67	1.71	0.46	1.29	0.07	0.82	0.04	0.55
前 1/3 开 6 孔	6×2	0.4	0.49	1.71	0.43	1.34	0.11	0.87	0.09	0.75
前 1/3 开 6 孔	6×2.5	0.5	0.52	1.69	0.43	1.30	0.11	0.95	0.07	0.72
前 1/3 开 6 孔	6×3	0.6	0.50	1.56	0.44	1.32	0.12	0.98	0.10	0.74
前 2/3 开 12 孔	6×2	0.8	0.38	1.69	0.22	1.46	0.33	1.19	0.26	0.82
前 2/3 开 12 孔	6×2.5	1.0	0.28	1.67	0.18	1.44	0.35	1.21	0.29	0.98
前 2/3 开 12 孔	6×3	1.2	0.19	1.59	0.08	1.42	0.47	1.31	0.25	0.88
全开 18 孔	6×2.5	1.5	0.13	1.65	0.04	1.44	0.38	1.31	0.15	1.13
全开 18 孔	6×3	1.8	0.14	1.63	0.02	1.49	0.29	1.41	0.14	1.23

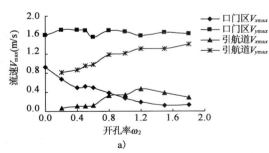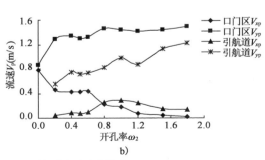

图 1-5-12　不同开孔率对口门区和引航道内流速的影响

（3）开孔孔口不同淹没水深的影响

开孔的淹没水深是指孔底至水面的高度。通过改变引航道水深,对导航堤扩大段前1/3开6孔,孔大小为6×2m条件下,进行了淹没水深分别为3.0m、3.5m、4.0m、4.5m的试验,结果见表1-5-8。从中可知:孔口淹没水深增大,从口门区引进的流量减小,对口门区的横向流速的改善效果减弱,平均横向流速V_{xp}由0.43m/s增大为0.53m/s。但同时对引航道内水流条件的影响程度也减弱。

不同淹没水深时的口门区和引航道水流条件［单位:V(m/s);α(°)］　　表1-5-8

孔口淹没水深（m）	最大值								平均值							
	口门区				引航道				口门区				引航道			
	V_{max}	α_{max}	V_{xmax}	V_{ymax}	V_{max}	α_{max}	V_{xmax}	V_{ymax}	V_p	α_p	V_{xp}	V_{yp}	V_p	α_p	V_{xp}	V_{yp}
3.0	1.73	45	0.49	1.71	0.99	10	0.11	0.99	1.41	18.17	0.43	1.34	0.75	7.50	0.09	0.80
3.5	1.70	35	0.59	1.68	0.96	15	0.08	0.95	1.40	21.67	0.51	1.31	0.76	6.67	0.06	0.75
4.0	1.80	35	0.71	1.75	0.96	9	0.08	0.95	1.49	20.67	0.51	1.40	0.77	7.00	0.06	0.75
4.5	1.73	50	0.85	1.73	0.80	9	0.07	0.79	1.44	24.33	0.53	1.29	0.40	4.67	0.04	0.39
不开孔	1.65	72	0.92	1.6	—	—	—	—	1.19	45	0.78	0.86	—	—	—	—

5.3.2　国内外导航墙开孔的工程实践和研究成果

德国学者 J. W 迪次、B. 普丽娜在《船闸引航道口门区横向流速减小措施》一文中,介绍了上游导航堤堤头三种开孔形式及其作用,文中提到上游导航堤加长18.0m的透水墙,能把堤头横向流速从实体时0.60m/s减少到0.10m/s,堤头局部范围开孔的效果显著。

美国陆军工程兵团水道试验站在研究口门区水流条件时,对导航墙开孔有较多工程实践。如俄亥俄河上的贝利维尔枢纽船闸、阿肯色河上第3号枢纽船闸等。在《美国浅水航道规划设计的工程师手册》一书中提出:"孔口顶高程应在满载驳船船底以下的要求,以防止船舶(队)被穿越孔口水流吸住,影响航行。"

国内采用导航墙上开孔以改善口门区通航水流条件的工程实践和试验成果也较多,如在那吉枢纽导航墙开孔的试验中[11],提出开孔率ω_2宜在0.86左右;在风洞子枢纽模型试验中[12],提出开孔角度宜与引航道口门区水流方向一致,一般为30°～45°;在渠江四九滩船闸导航墙开孔试验研究中[13],提出底孔顶高程可按下式确定:$H_D < H_Z - 1.2T_{max}$,式中,H_D——底孔顶高程,H_Z——最低通航水位,T_{max}——设计船舶满载吃水深度;在葛洲坝水利枢纽的试验研究中,表明只要堤头开孔布置合适,能降低堤头附近的横流作用,但由于孔口泥沙淤积及拉沙等问题,未被采用。

导航墙透空式结构形式通常有如下几种:高桩承台式、墩柱承台式、连底板承台式、独立墩式等,不同结构形式的选择应根据地质、河势、河道水流条件等确定。文献[14]对导航墙结构形式进行了研究,总结了不同透空结构形式的适用条件,以及影响导航墙结构选型的主要因素。

5.3.3　导航墙开孔的布置原则

综合本次概化模型试验和国内外的有关研究成果,提出导航墙开孔的布置原则如下:

①导航墙开孔布置应与通航建筑物总体布置相适应,并顺应河势和水流特点,以取得最佳开孔效果;

②导航墙开孔位置应与引航道靠船墩错开,以免开孔后的过水水流影响靠船墩处船舶的停泊和靠泊;

③导航墙端部设置墩柱来改善口门区水流条件时,墩宽宜2～4m,墩净距5.6～10.0m,墩数7个左右;菱形墩稍优于方形墩,菱形角度30°～45°;

④上游导航墙采用淹没式开孔时,开孔范围宜在距堤头1倍船队长以内,开孔率ω_2(开孔面积/引航道口门处横断面面积)宜在0.8～1.0范围;孔口高程应低于最低通航水位时控制船型的船底高程;开孔方向宜与口门区水流方向一致,一般为30°～45°,并考虑结构上的适应性;

⑤下游导航墙开孔布置与上游导航墙开孔有一定的差异,在实际工程中应通过模型试验确定;

⑥导航墙开孔的效果与河势和水势有关,相同的开孔率在不同开孔范围、开孔大小时,改善口门区横向流速的效果也不同,应结合具体条件综合分析;

⑦导航墙开孔虽能有效降低口门区的横向流速,但同时又加大了引航道内的流速,应综合考虑两方面的因素,并结合船舶(队)的可操作性,选取最优开孔方案,在条件复杂时,开孔段的长度、孔数、孔高还需经水工模型试验和船模试验进行研究。

5.4　其他改善措施研究与实践

(1)改变引航道隔流堤的平面布置

如三峡工程对上游引航道隔流堤进行过小包方案、大包方案,全包方案,660m短堤方案,最终选用全包方案,较好地解决了船闸和升船机的通航水流条件。

(2)调整船闸纵轴线与坝轴线的角度

如株洲航电枢纽坝址河段为汊道河段,船闸下游引航道口门区及连接段与上游的水流方向存在10°～20°一定的夹度,横向流速较大,影响船队航行,通过调整船闸纵轴线与坝轴线的角度,并结合其他措施,达到改善通航水流条件的目的[15]。在大顶子航电枢纽的试验研究中,为减小下游口门区和连接段航线与主流的夹角,也进行过调整船闸中心线位置及方向以达到改善通航水流条件的目的[16]。

(3)调整泄洪闸的位置来改善通航水流条件

该措施与改变泄水闸的开启方式相类似,如上述的嘉陵江沙溪航电枢纽。

(4)改变引航道长短

即改变堤头和口门区的位置,寻找口门区和连接段水流条件较好的位置。如三峡工程上游引航道口门位置比选过五相庙、祠堂包和燕长红三个河段。选用祠堂包方案后,又对隔流堤堤头具体位置做了9个方案的研究,最后以隔流堤长2113m的口门位置最优。汉江崔家营航电枢纽对下游导航墙延长,并使导航墙扩大段向主河槽偏角加大到10°,使下泄水流向河槽中心偏,以改善通航水流条件。

(5)改变堤头的形状,如尖角形、鱼嘴形等,减小堤头的挑流

如在葛洲坝枢纽三江上游防淤堤进行过尖角形、鱼嘴形、直立堤和开孔形状以及堤头前设

置浮堤的研究,最后选用了尖瘦的鱼嘴形[17]。

(6)导航堤前加导流墩、潜坝或丁坝,破除回流和斜流

该措施在较多工程中均得到应用,如那吉航运枢纽、韩庄航运枢纽、东西关水利枢纽、长洲水利枢纽等。

(7)平顺岸滩,消除凹凸的边界条件对水流条件的影响

如在渠江四九滩枢纽为了改善口门区的水流流态,对枢纽上游口门区进行河道整治,削去岸边凸嘴,清除孤石、堆石,平顺岸线,使得口门区水流更为平顺,流态改善,纵、横向流速进一步减小[13]。

(8)改变航线位置或航线的转弯半径

如大顶子航运枢纽船闸上、下游口门区进行不同航线及其转弯半径的比选试验[16],结果表明,增加弯曲半径,航线与河道水流的夹角可能增大,也可能减小,因此改变航线和增大其弯曲半径,是否改善通航水流条件,还需要结合具体的工程布置来分析。

(9)延长和偏转电厂与泄水闸之间的导航墙来减小口门区的斜流角度

这也是一种好的改善措施,如在万安枢纽下游引航道口门区和连接段的通航水流条件[18]。

5.5　主要结论和认识

5.5.1　主要结论

(1)引航道导堤堤头距弯道的距离对船舶航行条件影响很大,堤头应尽量远离弯道,堤头距弯道的距离宜大于2倍船长。堤头形式宜采用鱼嘴形或圆弧形,以减小堤头的挑流。

(2)采用炸礁、开挖等方式平顺口门区和连接段处的岸线,可有效消减口门区斜流和回流等不良流态。

(3)改变航线位置或航线的转弯半径是改善通航水流条件的常见措施之一,但增加弯曲半径,航线与河道水流的夹角可能增大,也可能减小,因此,是否有效改善水流条件应结合具体的工程布置来分析,概化模型试验表明宜使航线的转弯半径与河道的曲率半径相一致,水流条件才较为平顺。

(4)改善上游引航道口门区通航水流条件,可采取导航墙开孔,设置隔流墩、丁坝、潜坝等单项或综合措施,其中导航墙开孔面积与堤头处引航道的横断面积之比宜为0.8~1.0。

(5)下游引航道口门区的水流条件受泄水闸泄流控制时,应采用导流方式设置潜坝,改变导航墙的偏转角度,设置隔流墩,以及加长导航墙长度等措施,相应的配套措施是导航墙(堤)外扩及开孔。

(6)导航墙端部设置隔流墩来改善口门区水流条件时,墩宽宜2~4m,墩净距5.6~10.0m,墩数7个左右;菱形墩稍优于方形墩,菱形角度30°~45°。

(7)本章研究成果主要依靠模型试验得来,得到的有关原则和认识,可供设计参考,但具体工程还应结合物理模型试验进行具体优化。因原型观测资料较少,成果有待工程实践检验。

5.5.2 主要认识

改善枢纽船闸通航水流条件,首先应通过优化船闸总体布置,使之与河势变化相适应,同时要重点分析引航道隔流堤的平面布置,船闸纵轴线与坝轴线的角度,以及船闸、泄洪闸和电站的相对位置对通航水流条件的影响,可通过改变这些因素来减小引航道与河道水流的夹角,才能有效地解决通航水流条件问题。

本章参考文献

[1] 潘雅真,周华兴,罗旭先,等.改变溢流闸孔开启方式来改善船闸引航道口门区的水流条件[J].水运工程,1998(7):34-39.

[2] 郝品正,李伯海.湘江大源渡航运枢纽通航水流条件试验研究[R].天津:交通部天津水运工程科学研究所,1993.

[3] 刘亚辉,尹崇清,谢岷,等.嘉陵江沙溪航电枢纽水工模型试验研究报告[R].重庆:重庆西南水运工程科学研究所,2003.

[4] 周华兴.船闸引航道口门区水流条件[J].水利水运科技情报,1993(1):17-22.

[5] 赵世强,胡亚女,赵健,等.重庆草街航电枢纽工程通航关键技术研究总报告[R].重庆:重庆航运建设发展有限公司,2009.

[6] 孟祥玮,李金合,李焱,等,导航堤开孔对通航水流条件的影响[J].水道港口,1998(2):17-24.

[7] 周华兴,郑宝友.船闸引航道口门区通航水流条件改善措施[J].水道港口,2002(2):81-86.

[8] 陈桂馥,张晓明,王召兵.船闸导航建筑物透空形式对通航水流条件的影响[J].水运工程,2004(9):56-58.

[9] 潘雅真,罗序先,李穗清,等.贵港航运枢纽船闸引航道口门区水流条件研究[J].水运工程,1996(7):30-35.

[10] 李焱,周华兴,刘清江.导航堤(墙)开孔对引航道通航水流条件影响研究报告[R].天津:交通部天津水运工程科学研究所,2007.

[11] 李焱,周华兴,郑宝友.那吉航运枢纽通航水流条件水工模型试验报告(初设、技施阶段)[R].天津:交通部天津水运工程科学研究所,2003.

[12] 尹崇清,等.通航建筑物导航墙开孔对引航道通航水流条件的影响研究[R].重庆:重庆西南水运工程科学研究所,2005.

[13] 罗家麟,陈明栋.渠江四九滩枢纽通航水流条件研究[J].水运工程,1997(2).

[14] 陈作强,等.嘉陵江航运梯级开发关键技术研究——引航道建筑物关键技术研究[R].成都:四川省交通厅交通勘察设计研究院,2006.

[15] 王义安.等.湘江航运开发株洲航电枢纽工程通航水流体条件模型试验研究[R].天津:天津水运工程科学研究所,2001.

[16] 李金合,王义安,等.大顶子山航运枢纽通航水流条件模型试验研究[R].天津:交通部天

津水运工程科学研究所,2003.

[17] 长江科学院.葛洲坝水利枢纽科研论文选编[R].武汉:长江科学院,1988.

[18] 张声明,等.万安水利枢纽船闸下游改善通航水流条件的研究[R].武汉:长江科学院,1989.

[19] 王敏芳,卢文蕾,陈作强.通航建筑物口门区及连接段通航水流条件专题研究报告[R].成都:四川省交通厅交通勘察设计研究院,2006.

[20] 李焱,周华兴.山区河流通航建筑物引航道与河流主航道较大夹角时改善通航条件的工程措施试验研究报告[R].天津:交通部天津水运工程科学研究所,2008.

[21] 李焱,郑宝友,刘清江,等.导航堤淹没式开孔对引航道通航水流条件的影响[J].中国港湾建设,2007(5):12-16.

第6章 多线船闸引航道及口门区通航水流条件数学模型研究

船闸灌泄水在上、下游引航道内产生非恒定流,由此引航道和口门区流速、流态的变化,将直接影响船舶进出引航道和船闸的安全,产生的涌浪会减小引航道的有效水深;对人字闸门的反向惯性水头,将影响闸门启闭及安全,对此国内外均进行了较多的研究[1-10]。

近年来,随着水运事业的发展,为满足日益增长的运量要求,一些通航枢纽已改建或扩建多线船闸[11-14]。多线船闸共用引航道运行时的通航水力学问题较单线船闸更为复杂和不利,如布置和运行控制不当,将出现安全问题,如:葛洲坝2号、3号船闸共用的三江引航道,1982年发生过因船闸泄水导致船舶触底事故[8];江苏泗阳双线船闸下游引航道共用,2002年因船闸泄水产生的反向水头使二线船闸下闸首人字门启闭机活塞杆被顶弯的事故[15];刘老涧三线船闸自2010年以来,共发生过10次因二、三线船闸同时泄水时,反向水头使一线船闸人字门安全销断裂的事故,船闸不得不停航检修[16]。

长洲水利枢纽拟新建3、4线船闸,与原1、2线船闸平行并排布置,各线船闸运行水头和方式多样,相互间的影响尤为复杂。通过数学模型,计算分析了四线船闸各种可能的运行条件下,引航道和口门区的通航水流条件的变化,指出了四线船闸运行存在的问题,得到了现行条件下不同水位组合的安全运行方式,为进一步对船闸运行方案的优化提供了参考。

6.1 工 程 概 况

6.1.1 枢纽建筑物布置

长洲水利枢纽位于广西浔江干流,以发电为主,兼有航运、灌溉和养殖等综合利用效益。大坝轴线横跨两岛三江,距离长洲岛岛头约860m,距离泗化洲岛岛头约1500m,枢纽从左至右布置有:左岸接头重力坝及土石坝、内江电站(6台机组)、内江泄水闸(12孔)、长洲岛土坝、中江泄水闸(15孔)、泗化洲岛土坝、鱼道、外江电站(9台机组)、外江泄水闸(16孔)、1、2线船闸和拟建3、4线船闸(图1-6-1)。

6.1.2 已建1、2线船闸情况

1、2线单级船闸平行布置在右岸,1线船闸为Ⅱ级,设计通航1顶2×2000t级船队(一顶二),驳船尺度为75m×14m×2.6m(船长×型宽×吃水,下同),船队尺度为180m×14m×2.6m(总长×型宽×吃水,下同),闸室有效尺度为200m×34m×4.5m(长×宽×门槛水深,下同);2线船闸为Ⅲ级,设计通航1顶2×1000t级船队(一顶二),驳船尺度为67.5m×10.8m×

2.0m,船队尺度为 160m×10.8m×2.0m,闸室有效尺度为 185m×23m×3.5m。

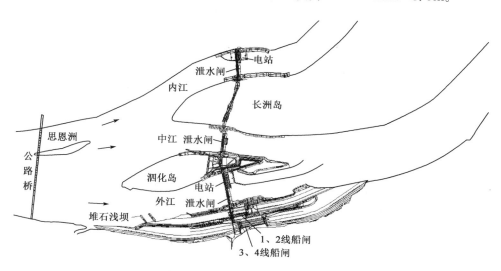

图 1-6-1　长洲水利枢纽总体布置图

　　1、2 线船闸上、下游引航道共用(图 1-6-2),上引航道底宽 129.6m,底高程＋8.0m,左侧隔流堤长约 570m,堤头布置 4 个外扩混凝土墩,口门区右侧布设 2 个上挑潜坝。下游引航道底宽 129.6m,其中 1 线船闸底宽 77.6m,底高程为 0.05m,2 线船闸底宽 52m,底高程为 1.05m,两高程间采用 1:2 坡度连接;引航道直线段长约 580m,在停泊段后以 R＝837.0m 的转弯半径转入外江,与主航道相连接,下游口门区左侧设置 8 个混凝土潜墩。

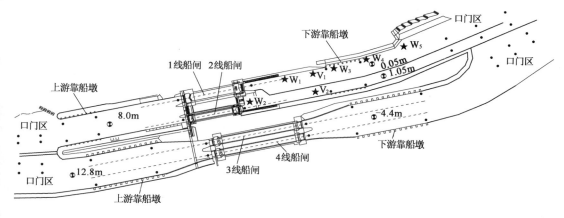

图 1-6-2　1～4 线船闸平面布置图

6.1.3　拟建 3、4 线船闸情况

　　1、2 线船闸于 2007 年 5 月实现双线通航,但目前已不能满足运量要求,因此拟在现有两线船闸右侧台地再新建 3 线和 4 线船闸,设计通航船型包括 3000t 级货船(尺度为 90.0m×16.2m×3.6m)、1 顶 2×2000t 级顶推船队(尺度为 182m×16.2m×2.6m)和 1 顶 2×1000t 级

顶推船队(尺度为166.65m×10.8m×2.0m),闸室有效尺度均为340m×34m×5.8m。四线船闸轴线走向平行(图1-6-2),其中2线船闸与3线船闸上下游建有隔流堤,两船闸中心线间距为135m。

3、4线船闸上、下游引航道共用,两船闸中心线间距为57m,上引航道底高程为12.8m,下引航道底高程为-4.4m,底宽均为153m,直线段长度均约570m。

6.2　船闸运行方式和计算条件

6.2.1　运行方式

长洲枢纽正常蓄水位20.6m。1、2线船闸上游设计最低通航水位为18.6m,下游设计最低通航水位为5.05m,1线船闸采用闸墙长廊道经闸室中部横支廊道分散输水系统,旁侧泄水,灌泄水的阀门开启时间均为7min;2线船闸采用闸墙长廊道侧支孔出水,灌水时阀门开启时间为8min,泄水时间为7min。

3线、4线船闸上游设计最低通航水位为18.6m,下游设计最低通航水位为3.32m,此时1、2线船闸可通航吃水浅的小船或空船,考虑下游水位未来可能会进一步下降,3、4线船闸下闸首门槛水深设计留有足够的富裕,使得在下游低水位2.40m和极端低水位1.40m(极限运行工况),3、4线船闸也能运行。3、4线船闸的运行方式设计有两种,一种为常规的两线船闸各自独立完成整个灌、泄水过程;另一种则为"双线船闸相互输水运行方式"(以下简称"互输")[17],即3、4线船闸的输水系统之间设连通廊道,两线船闸运行时,先通过连通廊道进行两闸室间的相互输水,待两线船闸间水头差减小到一定程度后,停止闸室间的输水,然后开启船闸各自的灌、泄水阀门以完成剩余的输水过程。"互输"运行方式,不但可有效改善引航道内的水流条件,同时还具备省水功能,但其输水时间有所增加。3、4线船闸正常输水时间不大于12min,极限运行工况下不大于15min。

6.2.2　计算条件

(1)计算水头。10.2~19.2m。上游水位为20.6m和18.6m;下游水位包括1.4m、2.4m、3.32m、4.4m、6.4m、8.4m和10.4m等,其中,水位1.4m时,1、2线船闸停运,2.4~4.4m时,1、2线船闸下游考虑航行吃水浅的小船或空船。

(2)船闸运行方式。3、4线船闸单线运行、3、4线船闸同时运行、3、4线船闸"互输"运行、3、4线船闸错开运行等工况。其中,3、4线船闸采用"闸底长廊道侧支孔分散输水系统"的水力特性曲线进行计算[17],以泄水为例的船闸输水过程的水力特性曲线见图1-6-3。

(3)计算内容。包括计算分析四线船闸闸首前的反向惯性水头、引航道和口门区的水位波动,引航道靠船墩处的纵向流速及口门区的纵横向流速。计算监测点布置见图1-6-2中的"·"。其中,1、2线船闸上游口门区监测点断面距口门分别为100m和200m,下游监测点断面距口门分别为200m、350m和500m;3、4线船闸上游口门区监测点断面距口门分别为100m和200m,下游监测点断面距口门分别为50m、200m和400m。

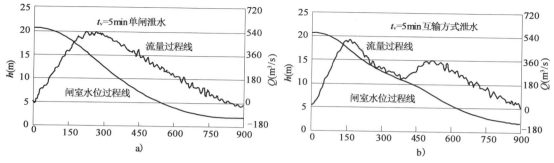

图 1-6-3 船闸泄水时的水力特性曲线(20.6～2.4m)

6.3 通 航 标 准

(1)船闸灌泄水后,在闸门处的反向惯性水头不宜大于0.25m。反向惯性水头的不利影响主要表现在船闸单线运行时对另一线船闸可能产生的不利影响,而船闸双线同时或错开运行,或"互输"运行,则不存在不利影响。

(2)船闸灌泄水时,上引航道中最大纵向流速应不大于0.5～0.8m/s,靠船墩处的最大纵向流速不大于0.5m/s;下引航道中最大纵向流速应不大于0.8～1.0m/s。

(3)船闸引航道口门区:对于Ⅰ～Ⅳ级纵向流速≤2.0m/s,横向流速≤0.3m/s,回流流速≤0.4m/s。口门区的不良流态,应不影响航行安全通畅,口门区波高参考控制值为0.5m。

(4)引航道水深应满足 $h_0/T \geqslant 1.5$。h_0 为航道水深,T 为最大船队满载吃水。对于1线船闸,引航道最小水深应不小于3.9m;对于2线船闸,引航道最小水深应不小于3.0m,对于3、4线船闸,取3000t驳船满足吃水 $T=3.6$m,则引航道最小水深应不小于5.4m。

6.4 二维非恒定流数学模型建立

采用荷兰Delft水利研究院开发国际通用软件Delft 3D中的水动力数学模型(Flow模块)来建立本项目模型。该模块能模拟非稳定流及输运现象,包括大、小尺度的紊流和地貌模拟,其特点是采用正交曲线网格,可局部加密网格以适应滩槽交换的复杂地形,计算稳定、精度高[18-19]。

6.4.1 Delft 3D 软件数值模型理论基础[19]

Delft 3D-Flow 模块建立在 Navier-Stokes 方程的基础上,采用交替方向法(ADI)对该坐标系下的控制方程组进行离散求解(Leendertse,1987)。ADI法实质上是把时间步长 Δt 分成两个半步长,前半步在 ξ 方向用隐格式,η 方向用显格式,后半步在 η 方向用隐格式,在 ξ 方向用显格式,这样可以把较大的系数矩阵化为两个三角形系数矩阵,可用"追赶法"求解。

本模型垂向采用 σ 坐标,表示如下:

$$\sigma = \frac{z-\zeta}{\zeta+d} = \frac{z-\zeta}{h} \tag{1-6-1}$$

在 (ξ,η,σ) 坐标系中,h 是全水深,σ 在水底为 -1,在表面为 0。

在正交曲线坐标系下,沿水深积分的连续性方程:

$$\frac{\partial \zeta}{\partial t} + \frac{1}{\sqrt{G_{\xi\xi}}\sqrt{G_{\eta\eta}}}\frac{\partial\left[(d+\zeta)U\sqrt{G_{\eta\eta}}\right]}{\partial \xi} + \frac{1}{\sqrt{G_{\xi\xi}}\sqrt{G_{\eta\eta}}}\frac{\partial\left[(d+\zeta)V\sqrt{G_{\xi\xi}}\right]}{\partial \eta} = Q \qquad (1\text{-}6\text{-}2)$$

ξ、η 方向的动量方程为:

$$\frac{\partial u}{\partial t} + \frac{u}{\sqrt{G_{\xi\xi}}}\frac{\partial u}{\partial \xi} + \frac{v}{\sqrt{G_{\eta\eta}}}\frac{\partial u}{\partial \eta} + \frac{\omega}{d+\zeta}\frac{\partial u}{\partial \sigma} + \frac{uv}{\sqrt{G_{\xi\xi}}\sqrt{G_{\eta\eta}}}\frac{\partial \sqrt{G_{\xi\xi}}}{\partial \eta} - \frac{v^2}{\sqrt{G_{\xi\xi}}\sqrt{G_{\eta\eta}}}\frac{\partial \sqrt{G_{\eta\eta}}}{\partial \xi} - fv$$

$$= -\frac{1}{\rho_0 \sqrt{G_{\xi\xi}}}P_\xi + F_\xi + \frac{1}{(d+\zeta)^2}\frac{\partial}{\partial \sigma}\left(v_v \frac{\partial u}{\partial \sigma}\right) + M_\xi \qquad (1\text{-}6\text{-}3)$$

$$\frac{\partial v}{\partial t} + \frac{u}{\sqrt{G_{\xi\xi}}}\frac{\partial v}{\partial \xi} + \frac{v}{\sqrt{G_{\eta\eta}}}\frac{\partial v}{\partial \eta} + \frac{\omega}{d+\zeta}\frac{\partial v}{\partial \sigma} + \frac{uv}{\sqrt{G_{\xi\xi}}\sqrt{G_{\eta\eta}}}\frac{\partial \sqrt{G_{\eta\eta}}}{\partial \xi} - \frac{u^2}{\sqrt{G_{\xi\xi}}\sqrt{G_{\eta\eta}}}\frac{\partial \sqrt{G_{\xi\xi}}}{\partial \eta} - fu$$

$$= -\frac{1}{\rho_0 \sqrt{G_{\eta\eta}}}P_\eta + F_\eta + \frac{1}{(d+\zeta)^2}\frac{\partial}{\partial \sigma}\left(v_v \frac{\partial v}{\partial \sigma}\right) + M_\eta \qquad (1\text{-}6\text{-}4)$$

垂向速度 ω 在 σ 坐标系中由下式计算得出:

$$\frac{\partial \zeta}{\partial t} + \frac{1}{\sqrt{G_{\xi\xi}}\sqrt{G_{\eta\eta}}}\frac{\partial\left[(d+\zeta)u\sqrt{G_{\eta\eta}}\right]}{\partial \xi} + \frac{1}{\sqrt{G_{\xi\xi}}\sqrt{G_{\eta\eta}}}\frac{\partial\left[(d+\zeta)v\sqrt{G_{\xi\xi}}\right]}{\partial \eta} + \frac{\partial \omega}{\partial \sigma} = h(q_{\text{in}} - q_{\text{out}})$$

$$(1\text{-}6\text{-}5)$$

式中:　　　　　Q——每个单元上的源项;

$\sqrt{G_{\xi\xi}} = R\cos\Phi$,$\sqrt{G_{\eta\eta}} = R$——曲线坐标系转换为直角坐标系的转换系数,$\Phi$ 是纬度,R 为地球半径;

ζ——水位;

d——基准水深;

h——全水深,$h = d + \zeta$;

U、V——分别为 ξ、η 方向的平均流速;

u、v、ω——分别为 ξ、η 和 σ 方向的流速;

f——科氏力系数;

P_ξ、P_η——分别为 ξ、η 方向压力梯度;

F_ξ、F_η——分别为 ξ、η 方向的紊动动量通量;

M_ξ、M_η——分别为 ξ、η 方向上动量的源或汇。

6.4.2　边界处理及船闸灌泄水模拟

陆地采用干湿法做动边界处理。当水深减小至小于 0.2m 时,定义为干边界,做陆域处理;当水深增大至 0.3m 时,定义为水域。

模型上游进口采用水位边界。船闸灌泄水采用汇、源模拟。数值计算不考虑大坝泄流的影响,只计算分析船闸灌泄水对引航道及口门区水流条件的影响。

6.4.3　模型的建立

为充分考虑地形对船闸灌泄水产生的水位波动传播的影响,以及减少模型边界反射对波动的影响,分别建立了较大范围的船闸灌水上游引航道和口门区非恒定流数学模型(范围包括枢纽上游约9.0km)和船闸泄水下游引航道和口门区非恒定流数学模型(范围包括枢纽下游约8.6km);模型网格均为曲线正交网格,在引航道区域网格加密,其上游或下游则逐渐放大。上、下游模型范围和网格详见图1-6-4。

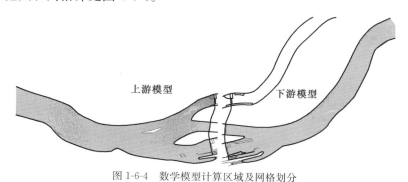

图1-6-4 数学模型计算区域及网格划分

6.5 数学模型验证

6.5.1 1、2线船闸泄水下游引航道水流条件原型观测

为验证数学模型,对第二线船闸泄水时的下游引航道的水流条件进行了原体观测,水位和流速实测点见图1-6-2中的"★"点位置,其中水位测点5个($W_1 \sim W_5$),流速测点2个($V_1 \sim V_2$)。观测结果见表1-6-1和图1-6-5和图1-6-6,从中可知:

(1)2线船闸观测到四次灌水过程和五次泄水过程,而整个观测过程中,水库水位是逐渐上升的,闸室最大水位20.48m,最小水位20.09m,平均水位20.37m,引航道最高水位5.38m,最小水位4.70m,平均水位5.07m,平均水头为15.3m。

2线船闸双边泄水下游引航道原型观测结果表 表1-6-1

闸室平均水位:20.37m,下引航道平均水位5.07m,平均水头15.3m								
水位波动(m)						流速(m/s)		
测点	W_1	W_2	W_3	W_4	W_5	测点	V_1	V_2
上升	0.21	0.22	0.20	0.17	0.14	流出	0.41	0.38
下降	−0.19	−0.20	−0.17	−0.14	−0.10	流进	−0.26	−0.10
波高	0.40	0.42	0.37	0.31	0.24	—	—	—

注:表中数据为5次观测的平均值。

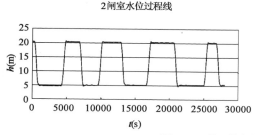

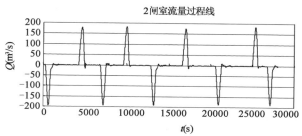

图1-6-5 第2线船闸闸室水位及灌泄水流量过程线

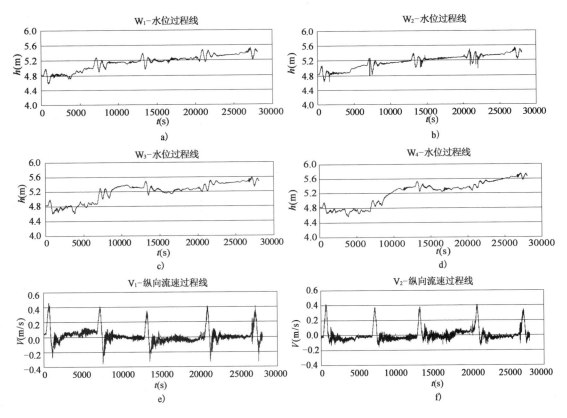

图 1-6-6　水位及流速测点过程线

（2）2 线闸室双边灌水最大流量 185m³/s，灌水时间为 720s；2 线闸室双边泄水的最大流量为 194m³/s，泄水时间为 900s。

6.5.2　模型验证结果

相同条件下数学模型的验证计算结果见表 1-6-2 和图 1-6-7。从中可知，第 1 个波流两者吻合较好，但原观的水位波动衰减比计算结果略快，可能与原体观测过程中水位逐步上升有关，验证结果满足《通航水力学模拟技术规程》的要求。

下游引航道内最大水位变幅及最大流速的验证结果　　　　　　　　　　表 1-6-2

物理量	验证点	2 线船闸泄水	
		原观结果	计算结果
水位（m）$+h_{max}/-h_{max}$	W_1	4.98/-4.61	4.96/-4.57
	W_2	4.99/-4.60	4.97/-4.56
	W_3	4.97/-4.62	4.95/-4.60
	W_4	4.93/-4.67	4.91/-4.63
	W_5	4.89/-4.69	4.87/-4.70

续上表

物理量	验证点	2线船闸泄水	
		原观结果	计算结果
流速 V(m/s)	V_1	0.42	0.41
	V_2	0.40	0.40

注：表中4.98/—4.61表示泄水后引航道内的水位最高值为4.98m,最低为—4.61m。

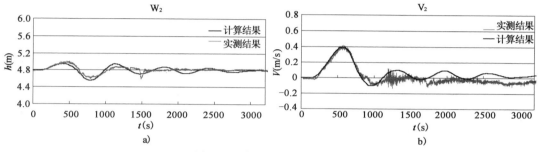

图1-6-7　水位和流速验证过程线

6.6　计算成果及分析

表1-6-3和表1-6-4列出了下游主要3个控制水位与上游水位相互组合,船闸灌、泄水时闸首前反向惯性水头、靠船墩纵向流速和口门区横向流速三项主要指标的最大值,对于通航标准所要求的其他指标基本均满足要求,故未列出,其他水位组合工况的计算结果及分析见文献[20]。图1-6-8和图1-6-9分别为船闸灌水时的流场图和水力特性过程线,图1-6-10和图1-6-11分别为船闸泄水时的流场图和水力特性过程线。

船闸灌水时上游引航道口门区通航水流条件

表1-6-3

工况	水头/水位组合(m)	运行方式	阀门开启时间 t_v (min)	最大流量 Q_{max} (m³/s)	3、4线船闸引航道及口门区			1、2线船闸引航道及口门区		
					闸首反向水头(m)	靠船墩纵向流速(m/s)	口门区横向流速(m/s)	闸首反向水头(m)	靠船墩纵向流速(m/s)	口门区横向流速(m/s)
SA	17.28 (20.6~3.32)	3、4线同灌	$t_v=5$	1236	0.91	1.16	0.48	0.24	0.10	0.31
		3、4线单灌	$t_v=5$	618	0.31	0.57	0.24	0.13	0.06	0.16
		3、4线错开8min	$t_v=5$	625	0.48	0.59	0.29	0.16	0.09	0.20
SB	15.28 (18.6~3.32)	3、4线同灌	$t_v=5$	1124	1.53	1.32	0.55	0.25	0.15	0.34
		3、4线单灌	$t_v=5$	562	0.37	0.76	0.34	0.13	0.09	0.19
		3、4线互输	$t_v=5$	351	0.26	0.54	0.23	0.09	0.07	0.14
SC	18.2 (20.6~2.4)	3、4线单灌	$t_v=5$	638	0.33	0.59	0.25	0.07	0.07	0.17
		3、4线互输	$t_v=5$	426	0.22	0.43	0.18	0.09	0.05	0.12
		1、2线同灌	$t_{v1}=7$ $t_{v2}=8$	491	0.07	0.03	0.05	0.14	0.32	0.08

续上表

工况	水头/水位组合 (m)	运行方式	阀门开启时间 t_v (min)	最大流量 Q_{max} (m³/s)	3、4线船闸引航道及口门区			1、2线船闸引航道及口门区		
					闸首反向水头 (m)	靠船墩纵向流速 (m/s)	口门区横向流速 (m/s)	闸首反向水头 (m)	靠船墩纵向流速 (m/s)	口门区横向流速 (m/s)
SD	16.2 (18.6~2.4)	3、4线单灌	$t_v=5$	596	0.38	0.80	0.35	0.15	0.08	0.20
		3、4线互输	$t_v=5$	376	0.28	0.58	0.25	0.10	0.06	0.15
		1、2线同灌	$t_{v1}=7$ $t_{v2}=8$	427	0.10	0.04	0.06	0.15	0.36	0.10
SE	19.2 (20.6~1.4)	3、4线单灌	$t_v=7$	605	0.24	0.48	0.19	—	—	—
		3、4线单灌	$t_v=8$	575	0.24	0.46	0.18	—	—	—
		3、4线错开8min	$t_v=8$	575	0.46	0.48	0.19	—	—	—

注：下游极端低水位时，1、2线船闸不运行。

船闸泄水时下游引航道口门区水流条件 表1-6-4

工况	水头/水位 (m)	运行方式	阀门开启时间 t_v (min)	最大流量 Q_{max} (m³/s)	3、4线船闸引航道及口门区			1、2线船闸引航道及口门区		
					闸首反向水头 (m)	靠船墩纵向流速 (m/s)	口门区横向流速 (m/s)	闸首反向水头 (m)	靠船墩纵向流速 (m/s)	口门区横向流速 (m/s)
XA	17.28 (20.6~3.32)	3、4线单泄	$t_v=5$	514	0.30	0.58	0.42	0.30	0.24	0.37
		3、4线单泄	$t_v=6$	494	0.26	0.51	0.33	0.26	0.23	0.31
		3、4线互输	$t_v=5$	347	0.21	0.40	0.28	0.25	0.23	0.28
		1、2线单泄	$t_v=7$	217	0.11	0.05	0.11	0.29	0.72	0.40
XB	15.28 (18.6~3.32)	3、4线单泄	$t_v=5$	471	0.27	0.52	0.36	0.27	0.31	0.32
		3、4线单泄	$t_v=6$	452	0.24	0.47	0.31	0.24	0.27	0.29
		1、2线单泄	$t_v=7$	194	0.10	0.03	0.10	0.25	0.68	0.32
XC	18.2 (20.6~2.4)	3、4线单泄	$t_v=5$	530	0.32	0.66	0.49	0.37	0.26	0.46
		3、4线互输	$t_v=5$	360	0.25	0.42	0.32	0.25	0.24	0.32
		1、2线同泄	$t_v=7$	467	0.25	0.08	0.24	0.80	1.61	0.82
XD	16.2 (18.6~2.4)	3、4线单泄	$t_v=5$	495	0.30	0.61	0.46	0.35	0.39	0.44
		3、4线互输	$t_v=5$	331	0.25	0.39	0.26	0.25	0.23	0.25
		1、2线单泄	$t_v=7$	201	0.13	0.04	0.12	0.32	0.82	0.53
XE	19.2 (20.6~1.4)	3、4线单泄	$t_v=7$	490	0.32	0.82	0.44	—	—	—
		3、4线单泄	$t_v=8$	478	0.30	0.80	0.41	—	—	—
		3、4线互输	$t_v=5$	351	0.28	0.48	0.32	—	—	—

注：下游极端低水位时，1、2线船闸不运行。

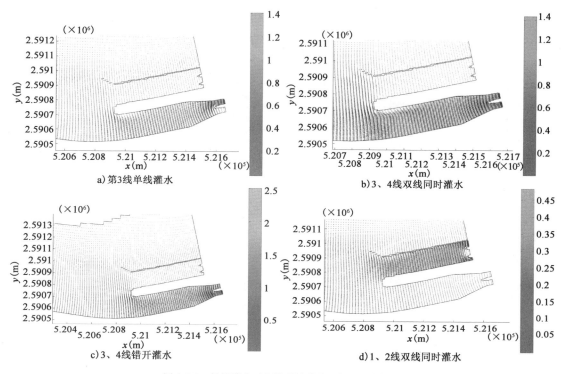

a) 第3线单线灌水

b) 3、4线双线同时灌水

c) 3、4线错开灌水

d) 1、2线双线同时灌水

图1-6-8 船闸灌水时上游引航道及口门区的流场图

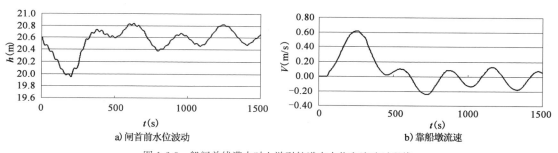

a) 闸首前水位波动

b) 靠船墩流速

图1-6-9 船闸单线灌水时上游引航道内水位和流速过程线

6.6.1 3、4线船闸灌泄水水力现象及基本规律

(1)水位波动:船闸灌泄水时,引航道内形成往复流,其中第一个波流的波动幅度最大,灌水时上引航道最大水位降低明显大于水位上升,泄水时下引航道最大水位壅高明显大于水位降低;最大水位波动发生在船闸闸首处,其次是靠船墩处,口门区最小。

(2)引航道及口门区流速:引航道内最大流速发生在阀门全开时;船闸单线灌、泄水或互输水时,闸首前会产生斜流,对船舶进出另一线船闸产生一定影响;船闸灌水时,3、4线船闸上游口门区200m范围内有横流,其中口门前100m左侧横向流速最大,同时3、4线船闸上游靠船墩处有回流;船闸泄水时,3、4线船闸下游口门区400m及1、2线船闸下游口门500m范围内有横流,同时2线船闸下游靠船墩以下有回流。

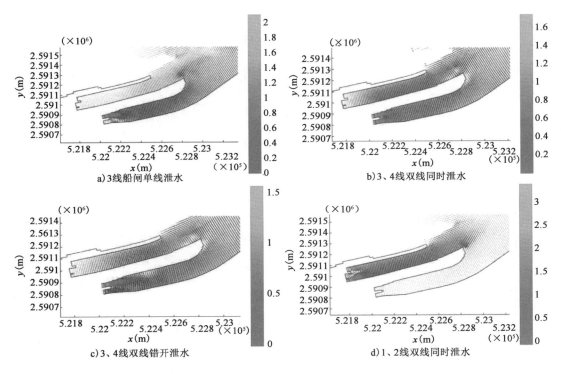

图 1-6-10　船闸泄水时下游引航道及口门区的流场图

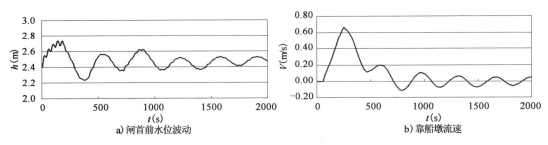

图 1-6-11　船闸单线泄水时下游引航道内水位和流速过程线

（3）引航道靠船墩比降：船闸灌、泄水时，正比降（倾向下游）要大于负比降（倾向上游）。

（4）影响因素：水位波动、流速和比降与上、下游水位、船闸运行水头和运行方式有关。当上、下游水位高，即引航道内的水深增大时，波动、流速和比降均减小；当船闸运行水头小，灌泄水流量与流量增率变小，则波动、流速和比降均减小；3、4 线船闸运行方式对波动、流速和比降大小的影响程度而言，3、4 线互输小于单线灌泄，3、4 线错开灌泄小于 3、4 线同时灌泄。

6.6.2　船闸灌水上游引航道及口门区水流条件分析

（1）上游 3、4 线船闸灌水，对 1、2 线船闸引航道及口门区的水流条件影响不大，主要原因是相同上游水位条件下，1、2 线船闸引航道的水深比 3、4 线引航道的水深大 4.8m；1、2 线船闸同时运行，对 3、4 线船闸的影响很小。

（2）水位组合（20.6～3.32m）条件：3、4线双线船闸同时运行,靠船墩处的纵向流速、口门区的横向流速不满足要求；3、4线单线灌水,靠船墩的最大纵向流速为0.57m/s,基本满足要求,口门区的流速满足要求,但在另一线船闸闸首前产生的反向水头为0.31m,大于0.25m,已超标；3、4线错开8min运行方式满足要求。

（3）水位组合（18.6～3.32m）条件：3、4线船闸双线或单线灌水均不满足要求；采用相互输水方式,靠船墩的最大纵向流速为0.54m/s,基本满足要求,口门区的流速满足要求。

（4）水位组合（20.6～2.4m）和（18.6～2.4m）条件：3、4线船闸单线灌水不满足要求,采用3、4线相互输水运行方式满足要求。

（5）水位组合（20.6～1.4m）条件：3、4线船闸单线灌水（阀门开启时间7min和8min）,3、4线错开8min运行方式（阀门开启时间8min）,均满足要求。

6.6.3　船闸泄水下游引航道及口门区水流条件分析

（1）下游3、4线船闸泄水,对1、2线船闸的影响较大,主要原因是相同下游水位条件下,1、2线船闸引航道的水深比3、4线引航道的水深浅4.45m和5.45m,3、4线引航道底高程与下游航道地形高程有一个倒坡相接,且当下游水位为＋2.4m时,河道地形过水面积急剧缩窄,3、4线船闸泄水水体主要向1、2线引航道内及河道内的窄深槽流动,因此对1、2线闸首的反向水头和口门区的流速影响较大。

（2）水位组合（20.6～3.32m）条件：3、4线船闸单线泄水,延长阀门开启时间至6min,反向水头和口门区的横向流速略有超标,采用互输方式基本满足要求；1、2线船闸运行对3、4线船闸影响不大,但1、2线船闸单线运行本身不满足要求。

（3）水位组合（18.6～3.32m）条件：3、4线船闸单线泄水,阀门开启时间延长至6min时,基本满足要求；1、2线船闸单线运行基本满足要求。

（4）水位组合（20.6～2.4m）和（18.6～2.4m）条件：3、4线船闸只有采用相互输水运行方式,才基本满足要求；1、2线船闸运行对3、4线船闸影响不大,但自身的水流条件不满足要求,且受3、4线船闸运行的影响较大,因此1、2线船闸不应运行。

（5）水位组合（20.6～1.4m）条件：3、4线船闸单线泄水,阀门开启时间延长至8min仍不满足要求,采用3、4线互相输水方式,基本满足要求。

6.7　主要结论和认识

6.7.1　主要结论

（1）长洲3、4线船闸灌泄水流量较大,加上1、2线船闸灌泄水的流量,形成的非恒定流对船舶安全进出船闸有较大影响。引航道内纵向流速、口门区横流以及船闸闸首处的反向水头超标是影响船闸安全运行的主要因素,同时在船闸单线灌泄水或采用互相输水方式运行时,引航道内产生的斜流和回流等不良流态对船舶安全航行也产生一定影响。

（2）船闸灌泄水时,第一个波流运动的幅度最大,最大水位波动发生在船闸闸首处,其次是靠船墩处,水位波动在口门区衰减较快,波动最小。

（3）水位波动、流速和比降与引航道内水深、船闸运行水头和运行方式有关，当引航道内的水深增大和船闸运行水头减小时，水位波动、流速和比降减小；3、4线船闸相互输水，由于减小了引航道的流量，引航道内的水位波动、流速和比降较其他运行方式都小；3、4线船闸错开灌泄水比同时灌泄水要小。

（4）上游3、4线船闸灌水，对1、2线船闸引航道及口门区的水流条件影响相对于对自身的影响要小很多，主要原因是相同上游水位条件下，1、2线船闸引航道底高程比3、4线低4.8m；1、2线船闸同时运行，对3、4线船闸的影响很小。

（5）下游3、4线船闸泄水，对1、2线船闸的影响较大，主要原因是1、2线船闸引航道底高程比3、4线引航道高4.45～5.45m，同时3、4线引航道底高程与下游航道地形高程有一个倒坡相接，当下游水位为+2.4m时，河道地形过水面积急剧缩窄，3、4线船闸泄水水体主要向1、2线引航道内及河道内的窄深槽流动，影响引航道内非恒定流的扩散和衰减；下游1、2线船闸泄水，对3、4线船闸的影响不大。

（6）针对长洲1～4线船闸，建议进一步开展物理模型试验，通过优化阀门开启方式、增大引航道尺度或其他可能的工程措施等，以改善通航水流条件。

6.7.2 主要认识

（1）随着国内船闸扩建的数量不断增加，说明原有船闸的规模偏小，难以适应内河水运的发展，建议提高船闸的设计水平年，尤其是总体设计时考虑预留扩建船闸的通航枢纽工程。

（2）当多线船闸的等级、尺度和通航船型不同时，低等级船闸的通航水流条件受高一级船闸运行的影响往往较大，因此在多线船闸总体布置或已建船闸扩建时应充分注意。

（3）多线船闸共用引航道与不共用引航道的两种布置方式中，船闸运行之间的相互影响不同，前者的影响主要在引航道内，后者因各船闸的口门区位置不同，对引航道和口门区的通航水流条件影响均应充分研究。

本章参考文献

[1] 李焱,周华兴,刘清江.通航建筑物引航道通航水流条件研究报告[R].天津:交通部天津水运工程科研所,2007.

[2] 孟祥玮.船闸灌泄水引航道非恒定流研究[D].天津:天津大学,2010.

[3] 陈阳,李焱,等.船闸引航道内水面波动的二维数学模型研究[J].水道港口,1998(3).

[4] 赵德志.船闸充泄水时引航道中的不稳定流[J].水道港口,1991(4).

[5] 周华兴,郑宝友,等.船闸灌泄水引航道内波幅与比降研究[J].水道港口,2005(2).

[6] 周华兴.船闸输水阀门开启对停泊条件影响的研究[J].水道港口,1989(3).

[7] 周华兴.三峡双线船闸引航道停泊条件分析[J].水运工程,1995(3).

[8] 董士镛.通航建筑物[M].北京:中国水利水电出版社,1998.

[9] (苏)B.巴拉宁.船闸下游引渠消波[J].傅永清译.内河航运,1962(2):46-48.

[10] Hans-werner Partensiky.船闸灌水时引航道内的波浪[J].宗慕伟,须清华译.P. A. S. C. E Journal of water ways and harbors division volume 86 No. ww1 March. part. 1.

［11］邹红.京杭运河淮安三线船闸的设计特点[J].水运工程,2000,7(7):38-41.

［12］王仙美.京杭运河谏壁二线船闸工程设计综述[J].水运工程,2003,9(9):51-54.

［13］马腾云.京杭运河刘山二线船闸工程设计[J].水运工程,1997,12(12):25-29.

［14］胡庆华,王海军,李艳.施桥三线船闸设计综述[C]//江苏省航海学术 2009 年学术年会论文集.2009.

［15］杨东.江苏泗阳船闸下游引航道非恒定流研究[D].南京:河海大学,2004.

［16］东培华,董佳,尤薇,等.刘老涧船闸通航水流条件改善措施[J].水运工程,2013(6):94-98.

［17］宣国祥,李君,黄岳.长洲水利枢纽三线四线船闸工程初步设计阶段输水系统水力学模型试验研究[R].南京:南京水利科学研究院,2010.

［18］申宏伟.Delft 3D 软件在水利工程中的数值模拟[J].水利科技与经济,2005,11(7):440-441.

［19］W L Delft Hydraulics. Delft 3D-Flow User manual[R]. Netherlands Delft,2005.

［20］李焱.长洲水利枢纽三线四线船闸工程初步设计阶段充泄水对引航道和口门区的影响数学模型研究[R].天津:交通运输部天津水运工程科学研究所,2010.

第2篇 升船机中间渠道尺度及通航条件研究

随着"西部大开发"以及"西电东送"战略的实施，水电及航运得到快速发展，在长江上游、金沙江、红水河、右江、澜沧江、雅砻江、乌江等江河上已建或正在修建多座高坝水利枢纽，如长江三峡工程最大坝高175m，最大总水头为113m；金沙江上的向家坝水利枢纽最大坝高162m，最大总水头约114.2m；龙滩水利枢纽最大坝高192m，最大总水头181m；乌江上的构皮滩水利枢纽最大坝高232.5m，最大总水头近200m；右江上的百色水利枢纽最大坝高130m，最大总水头115m等。

高坝通航建筑物主要有多级船闸和升船机两种形式。多级船闸又分连续船闸和分散船闸两种布置方式，如三峡工程通航建筑物采用的是五级连续船闸布置方式，但在船闸总体布置论证阶段，也曾进行过带中间渠道的分散二级和分散三级船闸布置方案的研究。升船机作为一种采用机械方法升降装载船舶的承船厢以克服水头落差的过船设施，通常为单级，当水利枢纽水头更高时，也采取带中间渠道多级升船机，如龙滩水利枢纽通航建筑物设计采用带中间渠道的两级垂直升船机方案，构皮滩水利枢纽通航建筑物设计采用带中间渠道的三级垂直升船机方案。对于带中间渠道的通航建筑物，不仅可以降低工作水头，还有利于通航建筑物本身的布置，中间渠道也可利用工程地形条件更为合理的设置。

中间渠道一般设计成可供船舶双向交错航行，以提高通过能力和满足过坝货运量要求，它是一种特殊的限制性航道，主要表现在：①水域两端封闭，长度不长，通常为几百米至几千米不等；②在满足通航建筑物通过能力的条件下，船舶（队）航速比运河等限制性航道低；③渠道中没有径流，流速很小，但船闸运行时产生的长周期波对通航条件影响较大；④渠道多为人工构筑物，断面形式较规则，断面尺度往往因工程地形条件而受到限制。由于这些特点，中间渠道有别于《内河通航标准》（GB 50139—2004）中的限制性航道和运河航道，尺度的确定也有其特点，但目前还无设计规范可循，因此有必要对中间渠道的合理尺度与船舶的安全航行条件进行研究。

　　本篇主要针对升船机中间渠道的尺度的确定和通航条件等方面的内容进行论述，对于船闸中间渠道，因灌泄水在渠道内产生的非恒定流及对通航的影响已在其他著作中做了论述，在此不再复述。撰写本篇的基础资料是西部交通建设科技项目"高坝通航中间渠道和渡槽的尺度及通航条件研究"（2004 328 224 36）之专题"升船机设中间渠道与渡槽的尺度和水力特性及船舶（队）通航条件模型试验研究"、"乌江构皮滩枢纽通航关键技术研究"（2006 328 000 126）之子题"构皮滩三级升船机中间渠道（含渡槽、隧洞）通航条件物理模型试验研究"的主要研究成果以及相关的技术文献。经过对这些研究成果的总结、归纳和提炼，提出的升船机中间渠道尺度与航行水力条件要素之间的关系、升船机中间渠道尺度的确定原则和参考尺度，可为相关规范标准的制定提供依据，为今后类似工程提供参考。

第1章　中间渠道(含渡槽)工程实践及研究现状

通过网络、图书馆和实地考察,收集和整理了国内外相关资料[1],综述如下。

1.1　工程实践概况

国内外有关船闸和升船机设中间渠道的比选方案和工程实例的基本情况见表 2-1-1 和表 2-1-2。表 2-1-3 统计了部分通航渡槽工程的基本情况。

国内外船闸设中间渠道和渡槽的枢纽工程

表 2-1-1

序号	国别	河流名	船闸名	总水头(m)	级数	闸室尺寸(长×宽×水深)(m)	中间渠道尺度与特征	建设年代
1	中国	涟水	水府庙	28	2	56×8.38×1.8	长约75m,宽17.5m,水深1.8m,矩形,通航100t级船舶	1963
2	中国	消水	双牌	43	2	56×8×2.0	长185m,宽15.0m,水深2.0m,矩形,通航100t级船舶	1962
3	中国	长江	三峡(比选方案)	88	2	280×34×5.0	长3900m,呈弯道,最小宽200m,其余为溪沟,最小水深5m	比选方案
4	中国	长江	三峡(比选方案)	113.0	3	280×34×5.0	长2400m,呈弯道,渠底宽228m,其余为溪沟,最小水深5.0m	比选方案
5	巴西	巴拉那河	伊泰普	130	3	210×17×5	1~2级长4025m,宽40m,2~3级长1042m,宽35m	比选方案
6	巴西	托坎廷斯河	图库鲁伊	71.5	2	210×33×6	长5463m,最小宽度140m,最小水深6.0m,梯形断面	已建
7	苏联	叶尼塞河	中叶尼塞斯克	54	2	150×20×3.6	长1450m	已建
8	苏联	伏尔加	高尔基	17	2	290×30×3.6	长1900m	1955
9	苏联	伏尔加	古比雪夫	29	2	290×30×3.6	长3800m	1958
10	加拿大	圣劳伦斯海道	布哈诺斯	25.6	2	233.5×24.38×9.1	长1219m,宽67~122.0m,水深9.14m	1959
11	美国	圣劳伦斯海道	艾森豪威尔与斯奈尔船闸间	28	2	233.5×24.38×9.1	渠宽91.4~137.2m	已建
12	加拿大	韦兰运河	1、2 号船闸	28.0	2	233.5×24.38	长2527m,规则梯形断面	1932
13	加拿大	韦兰运河	2、3 号船闸	28.0	2	233.5×24.38×9.1	长3917m,规则梯形断面	1932
14	加拿大	韦兰运河	3、4 号船闸	29.0	2	233.5×24.38×9.1	长1853m,宽91m,规则梯形断面	1932
15	加拿大	韦兰运河	6、7 号船闸	27.0	2	233.5×24.38×9.1	长700m,规则梯形断面	已建
16	加拿大	圣劳伦斯海道	布哈诺斯	25.6	2	233.5×24.38×9.1	长1219m,宽67~122.0m,水深9.14m	1959
17	德国	杜门—欧姆斯运河	米赛—万劳(双线)	15.0	2	175×12 / 105×12	长约5540m,宽43m,规则梯形断面	已建

国内外升船机设中间渠道的枢纽工程 表 2-1-2

序号	国别	河流名	升船机名	总水头（m）	级数	船厢尺寸（长×宽×水深）(m)	中间渠道尺度与特征	建设年代
1	中国	汉江	丹江口上游桥机式升船机，下游斜面升船机	68.5后期81.5	2	干运承船架32×10.7，湿运船厢24×10.7×0.9	长 410m，最小底宽 35m，水深 1.7～2.2m，右岸为天然地形，有一较大溪沟，左岸为土坝，水泥板护坡，渠道中部设溢流堰，上下升船机船厢纵轴线交角18.5°	1973
2	中国	清江	隔河岩垂直升船机	122	2	42×10.2×1.7	总长 385m（其中渡槽长 200m），宽 30m，水深 1.8m，矩形断面，上下升船机船厢纵轴线交角3°	已建
3	中国	右江	百色垂直升船机	114	2	114×12×3.3	渠道按双线限制性航道设计，全长 2219.8m（其中渡槽长 50m），利用岸边地形布置。正常渠道底宽46.29～58.5m，渠道最低通航水位202.8m，渠底高程调整为199.2m。依据地形条件，中间渠道共分八段，转弯段和直线段各四段，转弯半径650m和450m。通航 2×500t 船队和1000t 单船	设计方案
4	中国	红水河	龙滩垂直升船机	181	2	70×12×2.2	全长1034m（其中有 3 处为渡槽，总长 489m），宽 32m，水深 2.5m，中部弯道弯曲半径为400m，弯道加宽为38m，矩形断面，上下升船机船厢纵轴线交角10°，通航 1 顶500t 船	设计方案
5	中国	乌江	构皮滩垂直升船机	206	3	59.0×11.7×2.5	中间渠道考虑双向过船，中间渠道由通航渡槽、通航隧洞和通航明渠组成，渠道断面为矩形。其中第一级中间渠道单线渠道和错船段组成，总长 980m，错船段宽 37.8m。第二级中间渠道宽为38.0m，总长244.4m。最大通航船型为500t 机动驳	设计方案
6	巴西与巴拉圭	巴拉那河与伊瓜苏河交汇处	伊泰普垂直升船机	120～130	4	140×17×4	4 级垂直升船机带 3 个中间渠道，总长 5000m，渠道宽 35m，船队单向运行，第二级和第三级升船机间中间渠道加宽可以错船	比选方案

部分通航渡槽工程情况 表2-1-3

国名	工程名称	渡槽长度	结构材料	断面形状
中国	广西龙滩水电枢纽两级垂直船机中间渠道	该中间渠道包括三段拱形渡槽,长度均约94m,以及一段长200m的墩柱式渡槽	钢筋混凝土	矩形
中国	乌江构皮滩水利枢纽三级垂直升船机中间渠道	第一级中间渠道包括3段渡槽,长度分别为68m、136m、263m,第二级中间渠道包括1段渡槽,长度为102m	钢筋混凝土	矩形
中国	广西百色水利枢纽两级垂直升船机中间渠道	中间渠道和第二级升船机上闸首间有一段长50m的渡槽	钢筋混凝土	矩形
中国	湖北清江隔河岩两级垂直升船机中间渠道	该中间渠道包括一段长200m的渡槽	钢筋混凝土	矩形
中国	涪江永安航电工程通航渡槽	为引水通航渡槽,长105m,净宽10m	钢筋混凝土	矩形
德国	美茵—多瑙运河	该运河工程上有7段渡槽,长度分别为10.9m、16.3m、19.5m、26.2m、105m、218.7m、147.6m	7段渡槽均为钢筋混凝土	前面4个短渡槽为梯形,后面3个为矩形
德国	中德运河	该运河工程上有3段渡槽,长度分别为54.6m、77m、328.4m	钢筋混凝土	矩形
德国	多特蒙特—埃姆斯运河	该运河工程上有2段渡槽,长度分别为69.4m、72.8m	钢结构	矩形
德国*	尼德芬诺垂直升船机	56.96m	钢结构	矩形
比利时*	隆库尔斜面升船机	230m	钢结构	矩形

注：*表示渡槽作为上游引航道。

由上表可知：

(1)最短的中间渠道约75m,为湖南省涟水水府庙水利枢纽船闸工程,该船闸布置在大坝左岸环形山坳,系开挖山体而成,为单线两级船闸,总水头28m,设计通航100t级拖驳船(驳船尺寸为32m×6.5m×0.8m,长×宽×吃水),为增加通航能力设置了转弯半径为80m的中间渠道,连接两闸,渠道长约75m,宽17.5m。水府庙船闸后因湘黔铁路的通车和大坝上下游农灌提水泵坝的建设,造成断航,目前船闸已停用(图2-1-1)。

a)

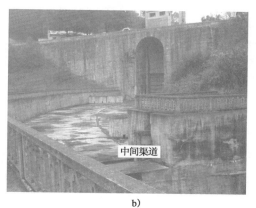

b)

图2-1-1 水府庙船闸

（2）最长的中间渠道 5630m，为法国北运河上 16、17 号船闸之间运河渠道，但最典型的中间渠道是巴西图库鲁伊水电站的 2 级船闸中间渠道，其总长约 5463m，为梯形断面，最小宽度 140m，最小水深 6.0m，允许船舶（队）双向航行及会让。图库鲁伊水电站位于巴西北部的亚马孙地区、托坎廷斯（Tocantins）河下游，大坝长 9574m，最大水头 71m，枢纽建筑物包括土坝、溢洪道、厂房、通航建筑物等（图 2-1-2）。船闸有效长度 210m，有效宽度 33m。

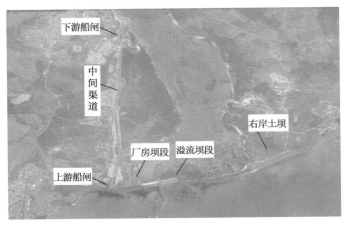

图 2-1-2 巴西图库鲁伊水电站

图 2-1-3 双牌中间渠道和第 2 级闸室

（3）中间渠道最宽的设计方案为三峡工程分散三级船闸布置方案[2]，为 228m。最窄的中间渠道宽 15m，为湖南省消水双牌水利枢纽船闸工程，该船闸布置在枢纽左岸，与厂房毗连，设计通航 100t 级驳船（驳船尺寸为 32m×6.5m×0.8m，长×宽×吃水），船闸总水头 43m，分为两级，闸室有效长度 56m，有效宽度 8m，门槛水深 2m，中间渠道长 185m，宽 15m，水深 2m（图 2-1-3）。

（4）目前我国已建两级升船机带中间渠道的典型工程为丹江口和隔河岩水利枢纽，其他如龙滩、构皮滩和百色升船机中间渠道工程正在实施阶段[3-5]。

丹江口水利枢纽位于湖北均县的汉水，通航建筑物布置在右岸，上段用垂直升船机，最大提升高度 50m，设计载重能力 150t，下段为斜面升船机，轨道长 395m，坡度 1:7。中间渠道长 410m，最小底宽 35m，水深 1.7～2.2m，左侧为土坝，水泥板护坡，坡度约 1:2（图 2-1-4）。右岸岸线为天然地形，渠道中部设平水溢流堰，多余水量会自动流入汉江。

隔河岩水利枢纽位于湖北长阳县城上游 9km，距清江河口 62km。两级垂直升船机位于左岸，总提升高度 122m，第一级垂直升船机位于 27 坝段，可适合上游通航水位变幅 40m 的要求；第二级位于坝轴线下游 463.5m 处，升程 82m。升船机承船厢有效尺寸为 42m×10.2m×1.7m（长×宽×水深），中间渠道由混凝土衬砌段（长 210m）及连续钢结构渡槽（长 200m）组成，渠道水面净宽 30m，水深 1.8m，可满足 300t 级船队错船及拖轮助航要求（图 2-1-5）。

图 2-1-4 丹江口枢纽升船机工程

（5）通航渡槽通常为钢筋混凝土结构或钢结构，不宜太长，否则结构设计和施工难度加大，安全风险也将加大，渡槽设计须特别处理好渠道与槽体相接部位的止水，接触部位不宜复杂或多变。表 2-1-3 中最短的渡槽为 10.9m，最长为 328.4m；当渡槽很短时，断面可为梯形，有利于渡槽与渠道的连接止水；当渡槽较长时，一般采用矩形结构，如德国美茵—多瑙运河上的 7 段渡槽，前面 4 个短渡槽为梯形，后面 3 个为矩形。

图 2-1-5 隔河岩枢纽升船机中间渠道

船舶在渡槽中航行产生的船行波波高，不应大于渡槽结构设计允许的波动超高。

1.2 研 究 概 况

对于船闸中间渠道的通航水流条件，美国、德国、苏联和法国等国结合具体工程，研究了船闸灌泄水在中间渠道内产生的非恒定流水力特性及其对通航的影响，同时还研究了各种改善措施，如：修建调节池、改变渠道宽度、合理调配船闸运转组合、改变阀门开启方式等。我国结合三峡工程分散两级和三级船闸带中间渠道的比选方案也进行了深入的研究[2]，孟祥玮等编写的《船闸灌泄水引航道和中间渠道通航水流条件研究》[3]一书中对此进行了系统的论述，本篇不再重述。

对于升船机中间渠道尺度和航行条件，由于工程较少，相关的研究并不多，但对升船机和限制性航道的研究则比较丰富。

升船机作为一种可快速过坝的过船建筑物，在世界各国得到广泛应用，世界著名的升船机有德国的尼德芬诺和吕内堡垂直升船机、比利时的斯特勒比垂直升船机、俄罗斯的克拉斯诺亚尔斯克斜面升船机等。我国近几十年来，在大中型升船机的研究和建设方面也取得较大进展，先后建成了广西岩滩入水式升船机、隔河岩、水口和丹江口升船机等,正在实施建设的有三峡单级升船机、龙滩、构皮滩和百色多级升船机等。在升船机水动力、机械传动、液压调平控制、电气传动与自动控制等方面均进行了较深入的研究[7-15]。20世纪60年代,宗慕伟、赵德志等对安徽寿县斜面升船机进行了原体水力学试验研究;20世纪80年代,张勋铭、江国明等对丹江口升船机进行了原型观测;随后为配合岩滩、水口和三峡升船机的建设,国内相关科研设计单位又进行了大量的研究,如,包纲鉴等分别建立了三峡、岩滩和水口升船机整体物理模型并开展了相关研究,2000年长江科学院对岩滩升船机进行了原型观测,结果表明:岩滩升船机运行平稳;事故状态下厢内水体波动不大;承船厢出入水时动水作用力较小;承船厢与闸首对接时,应控制航道水位和厢内水位差小于10cm,以避免因超灌水体过多而造成厢内船舶系缆力超过规范允许值。

对于限制性航道(如运河)的通航条件,国内外针对船舶航速、航行阻力、船行波以及航行下沉量与航道尺度等因素之间的关系,进行了模型试验、数值计算以及原型观测等系列研究,取得丰富的成果[16-31]。美国的研究指出,船舶航行阻力与航道富裕水深有关,当船舶吃水大于有效水深约75%时,航行阻力就明显增加,经济合理的断面系数为6～7;苏联学者认为,相同的断面面积,较深较窄的断面航行阻力较小;法国的资料指出,当断面系数大于10时,横断面形状对于航行阻力的影响可忽略不计;德国在持续的试验研究中,根据船舶航行动力的发展,提出限制性航道中船舶(队)的经济航速从断面系数为5时的5～7km/h,提高到断面系数为7时的8～11km/h。我国从20世纪50年代末已开始对运河尺度及航行水力条件进行研究,研究内容涉及运河断面尺度(宽度和水深)、断面系数、航行阻力、船行波及其对护岸的作用,以及运河船型及其标准化等。随着各国运河工程发展,一些国家已提出了运河的设计指南或通航标准等,如荷兰DELFT水工所编写了《内陆通航运河设计指南》,我国则颁布实施了《内河通航标准》(GB 50139—2004)和《运河通航标准》(JTS 180-2—2011),规定限制性航道和运河的断面系数不应小于6,流速较大的航段不应小于7。

对于通航渡槽,国内20世纪70年代曾对"南水北调穿黄渡槽方案"进行了通航条件模型试验,研究了船舶航行阻力、船舶纵倾、水位波动、船侧相对流速等。通航渡槽在西欧各国人工运河中采用较多,德国美因—多瑙运河穿越雷德尼茨河的渡槽是近代具有代表性的大型矩形断面钢结构渡槽[32],长218.7m,水面宽36m,水深3.5m,过水断面积为126m²,通航1350t机动驳(80m×9.5m×2.5m,长×宽×吃水),渡槽断面系数为5.3,船舶允许航速2.5m/s。矩形渡槽断面结构的造价低且施工方便,但是它与通常采用的梯形断面渠道之间的衔接较为复杂,需要有渐变曲面的过渡段。

1.3　小　　结

(1)当通航建筑物单级水头较高,受技术、地形和经济等方面的制约,限制了水头进一步提高时,可利用设置中间渠道的多级船闸或升船机,在布置形式上给予克服。

(2)设中间渠道的通航建筑物的优点主要表现在:①有利于通航建筑物布置,中间渠道长度可按依地形条件合理确定,宽度可充分利用溪沟的低洼地带,断面形状可以是梯形、矩形、复式或不规则形状;②与连续梯级船闸比,能提高货运能力,调度灵活,发生故障和全修停航概率小,能充分利用中间渠道的水域面积,进行补水或溢水调整;③与单级高水头船闸相比,有利于船闸输水系统设计,改善阀门及门后廊道空化条件,有利于解决闸门加工工艺,闸墙衬砌等问题;④与单级高水头升船机相比,有利于机电设备、封密与止水、驱动与安全装置等问题解决。

（3）设中间渠道的通航建筑物的不利方面主要表现在船闸灌泄水产生的非恒定流对中间渠道内的通航条件有较大影响,如增加对船舶的系缆力,减小渠道水深,对人字闸门产生有害的反向水头等,另一方面则表现在通航建筑物运行管理相对分散等。

（4）通过对国内外工程实践和相关研究的调研和总结,得到以下认识:①中间渠道是一种特殊的限制性航道,渠道内流速基本为静水,在满足通航建筑物通过能力的要求下,其航速可以小于运河等其他限制性航道中的航速,渠道断面尺度能否缩小,以满足地形条件限制,并降低工程造价,是值得深入研究的;②影响中间渠道尺度的主要因素有货运量、船型、航速、渠道长度、断面系数等,在尺度的确定上,应综合考虑。

本章参考文献

[1] 李焱,郑宝友,孟祥玮.高坝通航中间渠道和渡槽的尺度及通航条件研究[R].天津:交通部天津水运工程科学研究所,2005.

[2] 交通部三峡工程航运办公室.长江三峡工程泥沙和航运关键技术研究成果汇编（上册）[G].1991.

[3] 孟祥玮,周华兴,郑宝友,等.船闸灌泄水引航道和中间渠道通航水流条件研究[M].北京:人民交通出版社,2014.

[4] 冯树荣.龙滩水电站设计及技术特点[J].红水河,2001,20(2):16-20.

[5] 长江水利委员会长江勘测规划设计研究院.乌江构皮滩水电站通航建筑物可行性研究报告[R].武汉:长江水利委员会长江勘测规划设计研究院,2006.

[6] 中水珠江规划勘测设计有限公司.广西百色水利枢纽过船设施工程可行性研究报告（上册）[R].广州:中水珠江规划勘测设计有限公司,2011.

[7] 宗慕伟,赵德志.安徽寿县斜面升船机原体水力学试验研究[C]//全国通航水力学学术讨论会论文集.武汉:长江科学院,1988.

[8] 王博文,包纲鉴,等.三峡升船机厢内船舶停泊条件水工模型试验报告[R].南京:南京水利科学研究院,1989.

[9] 包纲鉴,等.广西岩滩升船机整体模型试验研究总报告[R].南京:南京水利科学研究院,1996.

[10] 包纲鉴,等.福建水口水电站工程2×500t级垂直升船机整体模型试验研究总报告[R].南京:南京水利科学研究院,1995.

[11] 长江科学院.岩滩垂直下水式升船机水动力学原型观测报告[R].武汉:长江科学院,2000.

[12] 顾正华,包纲鉴,等.升船机承船厢水动力特性试验研究[J].水利水运工程学报,2002(3):7-13.

[13] 岩滩水电站升船机论文专辑[J].红水河,1999.

［14］钮新强,宋维邦.船闸与升船机设计［M］.北京:中国水利水电出版社,2007.

［15］中国水电顾问集团华东勘测设计研究院.水利水电工程通航技术［M］.北京:中国电力出版社,2011.

［16］美国土木工程师协会.船舶在航道中的下沉和阻力［J］.汪懋先译.水运工程,1980(6):32-36.

［17］交通部水运规划设计院.关于限制性航道中船舶航行的研究［R］.北京:交通部水运规划设计院,1978.

［18］V. V. Balanin.航道断面主要尺寸的选择和现代堤岸保护法［R］.张玉兰译.天津:交通部天津水运工程科学研究所,1981.

［19］交通部水运规划设计院.国外运河资料选辑［R］.北京:交通部水运规划设计院,1974.

［20］N. H. Norrbin.通航运河船舶至岸边的富裕宽度和最佳断面形状［C］.李国臣译//第26届国际航运会议论文集.北京:人民交通出版社,1987.

［21］王宏达,高原.浅水和限制性航道中的驳船队阻力［J］.水运工程,1983(5):24-29.

［22］C. KOOMAN.运河和船闸设计准则的发展及应用［J］.丰慧生译. Including Harbour Entrances.

［23］荷兰 Delft 水工所.内陆通航运河设计指南［M］.闵朝斌,等译.北京:［出版社不详］,1991.

［24］王水田.关于船行波问题的研究［J］.水道港口,1980.

［25］交通部水运规划设计院.京杭运河实船试验直线段会船、追越试验报告［R］.北京:交通部水运规划设计院,1979.

［26］乔文荃,董风林.苏南运河船行波试验研究［R］.南京:南京水利科学研究院,1993.

［27］沈鸿玉,张国雄,邵任钦.运河航道断面系数模型试验研究［R］.上海:交通部上海船舶运输科研所,1982.

［28］长江航道局.航道工程手册［M］.北京:人民交通出版社,2004.

［29］周家宝,陈文辽.苏南运河船行波对斜坡式护岸工程影响的研究分析［C］//交通部水运司.内河航道整治论文集.北京:人民交通出版社,1998.

［30］中华人民共和国国家标准.GB 50139—2004　内河通航标准［S］.北京:中国计划出版社,2004.

［31］中华人民共和国行业标准.JTS 180-2—2011　运河通航标准［S］.北京:人民交通出版社,2011.

［32］交通部赴西德运河交叉工程考察小组.西德运河交叉工程考察报告［R］.北京:中华人民共和国交通部,1978.

第2章　升船机中间渠道双向运转方式和航速分析

2.1　基　本　原　则

对于带中间渠道的两级升船机,为充分发挥升船机各自连续运转功能,达到最大通过能力,在船舶过坝调度上,应安排上、下行船舶等待升船机,而不使升船机停止运转等待船舶,即两级升船机各自的上下游引航道内均有等待通过的船舶。

2.2　运转方式分析[1]

为了达到上述基本原则,带中间渠道的两级升船机的运转方式用示意图 2-2-1 说明如下:

(1)在上、下级升船机首次运转时中间渠道内无船,起始工况为枢纽上游引航道有下行船 A1、A2、A3 等待通过,下游有上行船 B1、B2、B3 等待通过,如图 2-2-1a),上一级升船机已升至上游水位,下一级升船机已降至下游水位。

(2)对图 2-2-1a)工况完成下行船 A1 和上行船 B1 同时分别进入船厢后,再同时完成上一级船厢载下行船 A1 降到渠道水位和下一级船厢载上行船 B1 上升到渠道水位,见图 2-2-1b)。

(3)对图 2-2-1b)完成下行船 A1 上行船 B1 分别同时出船厢后,为不使升船机停止运行和为下一步连续运转,再同时完成上一级船厢空厢上升到上游水位和下一级空厢降到下游水位,与此同时,下行船 A1 上行船 B1 在渠道内对驶航行,见图 2-2-1c)。

(4)图 2-2-1c)的上一级船厢已升到上游水位和下一级船厢降到下游水位,如同图2-2-1a),对图 2-2-1c)完成下行船 A2 和上行船 B2 分别进船厢后,再同时分别完成上、下级船厢各自的下降和上升到渠道水位,此时,中间渠道内下行船 A1 和上行船 B1 已完成交错航行,各自航行到渠道端部的停泊段位置,见图 2-2-1d)。

(5)对图 2-2-1d),在渠道水位分别完成上一级下行船 A2 出厢、上行船 B1 进厢和下一级上行船 B2 出厢、下行船 A1 进厢后,再同时完成上一级船厢载上行船 B1 升到上游水位和下一级船厢载下行船 A1 降到下游水位,这时中间渠道内下行船 A2 和上行船 B2 对驶航行,见图 2-2-1e)。

(6)对图 2-2-1e),上一级船厢在上游水位完成上行船 B1 出厢,下行船 A3 进船厢,同时下一级船厢在下游水位完成下行船 A1 出厢,上行船 B3 进厢后,再同时完成第一级船厢载下行船 A3 降到渠道水和第二级船厢载上行船 B3 上升到渠道水位,此时中间渠到内下行船 A2 和上行船 B2 已完成渠道内的交错航行,各自航行到渠道的停泊段处,见图 2-2-1f)。

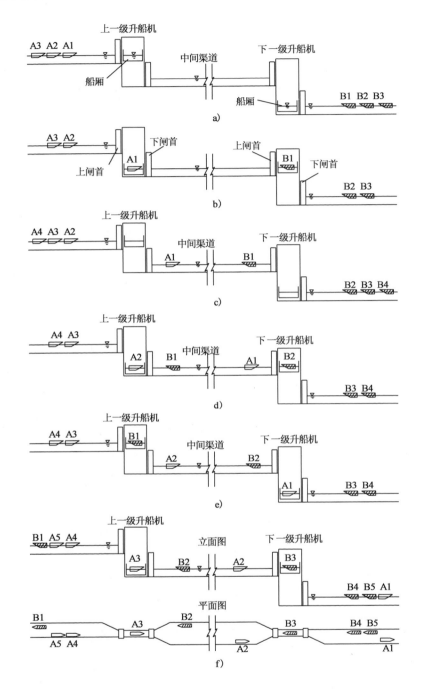

图 2-2-1　升船机双向运行方式示意图

因此,从图 2-2-1a)的起始工况开始,经各操作程序到图 2-2-1e),可使下行船 A1 在下游水位出厢到下游,同时上行船 B1 在上游水位出厢到上游。如此循环运转,可继续使下行船 A2、A3、A4、A5···和上行船 B2、B3、B4、B5···同时分别鱼贯进入枢纽下游和上游。应特别说明的是,采取图 2-2-1b)和图 2-2-1c)的操作程序,使上、下两级船厢空厢运行的目的是避免当中间渠道较长时,船厢等待渠道内下行船 A1 和上行船 B1 完成交错航行后各自进入船厢的时间过长,从而不能发挥升船机连续运转的功能。由图 2-2-1d)和图 2-2-1e)也可得知,只有在上、下游引航道停泊段、上、下级船厢内和中间渠道两端的停泊段同时有上行船 A1、A2、A3 和下行船 B1、B2、B3 共计 6 艘船舶处于通过和等待通过的状态,才能使上、下级升船机各自连续运转,充分发挥其功能,以提高上下行双向运行的通过能力。

2.3　中间渠道内船舶航速分析计算

上、下行船舶在中间渠道内对驶交错航行,其速度取决于渠道长度、升船机的运行时间以及船舶在中间渠道停泊段进出船厢的时间。航速的计算根据渠道长度又分两种情况。

2.3.1　中间渠道为最小错船段长度时的航行速度

双向中间渠道的最小长度应满足错船的要求,也即其直线段长度至少包括导航段 L_1、调顺段 L_2 和停泊段 L_3(图 2-2-2),则中间渠道的最小长度等于 $2L_1+2L_2+L_3$(约 6～7 倍船长)。当上一级下行船舶降到渠道水位,同时下一级上行船舶升到渠道水位,可同时完成上、下行船舶出厢后在停泊段交错航行再到另一船厢,此时上、下行船舶在错船段航速 $V=L_3/t$(t 为船舶在错船段的航行时间)。

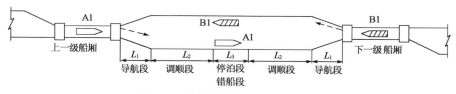

图 2-2-2　中间渠道最小长度布置示意图

2.3.2　中间渠道较长时的航行速度

船舶在中间渠道中的航行长度为 $L+L_c$(船长),见图 2-2-3,未包括渠道两端进出厢要求的($2L_1+2L_2+L_3$)。上、下行船在中间渠道内的平均航速分别为:

$$V_s = (L+L_c)/t_s \tag{2-2-1}$$

$$V_x = (L+L_c)/t_x \tag{2-2-2}$$

式中:V_s——上行船平均航速(m/s);

L——中间渠道两端停泊段之间的距离(m);

L_c——船长(m);

t_s——上行船在渠道内的航行时间(s);

V_x——下行船平均航速(m/s);

t_x——下行船在渠道内的航行时间(s)。

1)上行船所需时间 t_s 的计算

根据上述升船机的运转方式的原则要求及其分析,上行船 B2 从图 2-2-3 中的 M 点起到

渠道上端 N 点止,行程为 $L+L_c$,总计所需要的时间应为以下所述的各运行过程需要的时间之和:

(1)先前在中间渠道上端停泊段的上行船 B1 经 L_2、L_1 段进入上一级船厢时间 t_1,t_1＝进厢航行距离/进厢航速;

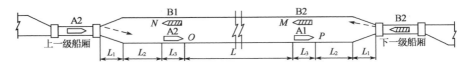

图 2-2-3　中间渠道布置示意图

(2)船舶在船厢中系缆以及关闭闸首和船厢闸门的时间 t_2,可取 60s;

(3)泄空闸首闸门和船厢闸门之间的水体时间 t_3,可取 60s;

(4)收回对接密封止水框的时间 t_4,可取 30s;

(5)松开锁定装置工作的时间 t_5,可取 30s;

(6)上一级船厢上升并使厢水位和上游水位齐平的时间 t_6,t_6＝上一级船厢提升高度/上一级船厢提升速度;

(7)顶紧锁定装置工作的时间 t_7,可取 30s;

(8)推出密封止水框和船厢对接的时间 t_8,可取 30s;

(9)对闸首闸门和船厢闸门之间间隙充水的时间 t_9,可取 60s;

(10)开启船厢和闸首闸门以及船舶解缆时间 t_{10},可取 60s;

(11)上行船 B1 出船厢至上游引航道停泊段时间 t_{11},t_{11}＝出厢航行距离/出厢航速;

(12)下行船 A2 从上游引航道停段至进上一级船厢的时间 t_{12},t_{12}＝进厢航行距离/进厢航速;

(13)下行船 A2 在船厢内完成(2)～(5)项各程序的时间 t_{13};

(14)上一级船厢下降并使厢水位和中间渠道水位齐平的时间 t_{14},t_{14}＝上一级船厢下降高度/上一级船厢下降速度,t_{14}＝t_6;

(15)船厢降到中间渠道水位,下行船 A2 在船厢内完成(7)～(10)项各程序的时间 t_{15};

(16)下行船 A2 出厢经 L_1、L_2 段到中间渠道上端部的停泊段的时间 t_{16},t_{16}＝出厢航行距离/出厢航速。

2)下行船所需时间 t_x 的计算

下行船 A2 从图 2-2-3 中的 O 点起到渠道上端 P 点止,行程为 $L+L_c$,总计所需要的时间应为以下所述的各运行过程需要的时间之和:

(1)先前在中间渠道上端停泊段的上行船 A1 经 L_2、L_1 段进入下一级船厢时间 t_1,t_1＝进厢航行距离/进厢航速;

(2)船舶在船厢中系缆以及关闭闸首和船厢闸门的时间 t_2,可取 60s;

(3)泄空闸首闸门和船厢闸门之间的水体时间 t_3,可取 60s;

(4)收回对接密封止水框的时间 t_4,可取 30s;

(5)松开锁定装置工作的时间 t_5,可取 30s;

(6)下一级船厢下降并使厢水位和下游水位齐平的时间 t_6,t_6＝下一级船厢下降高度/下一级船厢下降速度；

（7）顶紧锁定装置工作的时间 t_7，可取 30s；

（8）推出密封止水框和船厢对接的时间 t_8，可取 30s；

（9）对闸首闸门和船厢闸门之间间隙充水的时间 t_9，可取 60s；

（10）开启船厢和闸首闸门以及船舶解缆时间 t_{10}，可取 60s；

（11）下行船 A1 出船厢至下游引航道停泊段时间 t_{11}，t_{11}＝出厢航行距离/出厢航速；

（12）上行船 B2 从下游引航道停段至进下一级船厢的时间 t_{12}，t_{12}＝进厢航行距离/进厢航速；

（13）上行船 B2 在船厢内完成（2）～（5）项各程序的时间 t_{13}；

（14）下一级船厢上升并使厢水位和中间渠道水位齐平的时间 t_{14}，t_{14}＝下一级船厢上升高度/下一级船厢上升速度，t_{14}＝t_6；

（15）船厢升到中间渠道水位，上行船 B2 在船厢内完成（7）～（10）项各程序的时间 t_{15}；

（16）上行船 B2 出厢经 L_1、L_2 段到中间渠道下端部的停泊段的时间 t_{16}，t_{16}＝出厢航行距离/出厢航速。

从 2.3.2 节 1) 和 2) 小节的分析可知，当上、下升船机升降时间或上、下船舶在中间渠道两端和上下引航道进出船厢时间不同，则上、下行船舶在中间渠道的平均航速不同。

2.4 船舶过坝时间和双向通过能力

根据上述升船机的运行基本原则和运转方式，利用中间渠道可使两个升船机分别具有单级升船机的功能并连续运转，因此船舶过坝时间和升船机的通过能力，由升降幅度最大也即水位差最大的升船机运转所需的时间来确定。

双向通过能力按下式计算[2]：

$$p = (n - n_0) \frac{NG\alpha}{\beta} \tag{2-2-3}$$

式中：p——双向过闸货运量（万 t）；

n——日平均过闸次数；

n_0——日非运货船过闸次数；

N——年通航天数（d）；

G——一次过闸平均载重吨位（t）；

α——船舶装载系数；

β——运量不均衡系数。

2.5 算例——以龙滩两级升船机中间渠道为例[3]

龙滩水利枢纽通航建筑物设计采用带中间渠道的两级湿运平衡重垂直升船机方案，包括上游引航道、第一级升船机、中间渠道、第二级升船机、下游引航道等 5 个部分，全长 1700 多米，总水头 181m，第一级和第二级升船机提升高度分别为 88.5m 和 92.5m，设计通航 500t 船队(1顶+1驳),尺度为66m×10.8m×1.6m(长×宽×吃水),承船厢有效尺度采用70m×12m×2.2m(长×宽×水深),船厢不入水,两级船厢的升降速度均为0.2m/s。中间渠道双向过船的人工航道,总长1034m(为上级升船机下闸首至下级升船机上闸首间的长度),宽度32m,水深2.5m。

2.5.1　船舶在中间渠道内的航行速度

因龙滩上下两级升船机升降高度不同,升降时间也不同,需分别计算上行船和下行船在渠道内行程$L+L_c$的航行速度。根据《船闸总体设计规范》(JTJ 305—2001),取导航段L_1为单倍船长(66m),调顺段L_2为1.5倍船长(99m),停泊段L_3为单倍船长(66m),则船舶在中间渠道内的航行距离为$L+L_c=1034-(2L_1+2L_2+L_3)=638$m(即不含渠道两端进出厢要求的长度共396m)。

1)上行船所需时间t_s和航速的计算

(1)船队长66m,从中间渠道上端停泊段进入上一级船厢行驶距离按3.5倍船长,计231m,平均进厢航速0.7m/s,则时间$t_1=231/0.7=330$s;

(2)~(5)各程序的总时间为180s;

(6)上一级船厢提升高度为88.5m,提升速度为0.2m/s,提升时间为$t_7=88.5/0.2=442.5$s;

(7)~(10)各程序的总时间为180s;

(11)船出厢至上游引航道停泊段的行驶距离按3.5倍船长,计231m,平均出厢航速1.0m/s,$t_{13}=231/1.0=231$s;

(12)船从上游引航道停段至上一级船厢的行驶距离为231m,平均进厢航速0.7m/s,$t_{14}=231/0.7=330$s;

(13)完成(2)~(5)各程序的总时间为180s;

(14)上一级船厢下降高度为88.5m,下降速度为0.2m/s,下降时间$t_{16}=t_7=442.5$s;

(15)完成(7)~(10)各程序的总时间为180s;

(16)船出厢至中间渠道上端部的停泊段的行驶距离为231m,平均出厢航速1.0m/s,$t_{18}=231/1.0=231$s。

则上行船所需时间t_s为$2×(330+231)+4×180+2×442.5=2727$(s),利用式(2-2-1)求得上行船在中间渠道内的最小航速$V_s=638/2727=0.234$(m/s)。

2)下行船所需时间t_x和航速的计算

下行船所需时间与上行船的主要差别在于下一级升船机的提升高度增加为92.5m,故升船机提升和下降时间为92.5/0.2=462.5s,增加20s,总时间则增加了40s,故下行船所需时间t_x为$2×(330+231)+4×180+2×462.5=2767$(s),利用式(2-2-2)求得上行船在中间渠道内的最小航速$V_s=638/2767=0.231$m/s。

2.5.2　船舶过坝时间和双向通过能力

1)船舶过坝时间

龙滩两级升船机中下一级升船机的升降高度为92.5m,大于上一级升船机的升降高度

88.5m,故船舶过坝时间和通过能力由下一级升船机运转程序所需时间来确定。过坝时间计算：

(1)船队长66m,从中间渠道下端停泊段进入下一级船厢行驶距离按3.5倍船长,计231m,平均进厢航速0.7m/s,则时间$t_1 = 231/0.7 = 330s$;

(2)~(5)各程序的总时间为180s;

(6)下一级船厢下降高度为92.5m,下降速度为0.2m/s,下降时间$t_7 = 92.5/0.2 = 462.5s$;

(7)~(11)各程序的总时间为180s;

(12)船出厢至下游引航道停泊段的行驶距离按3.5倍船长,计231m,平均出厢航速1.0m/s,$t_{13} = 231/1.0 = 231s$。

船舶过坝时间为1383.5s,即在1383.5s内,上、下升船机可同时有一艘船舶通过向上游和向下游。

2)双向通过能力

每年上行和下行双向运行理论通过能力p估算如下。

年运行天数：$N = 320d$;

每天工作小时(三班制)：$\tau = 21h$;

每天通过上行和下行升船机次数：$n = \dfrac{21 \times 60 \times 60}{1383.5} \approx 54$ 次;

一次过闸平均载重吨位：$G = 440t$;

船舶装载系数：$\alpha = 0.8$;

运量不均衡系数：$\beta = 1.3$;

日非运货船过闸次数：$n_0 = 2$(按每天上、下各一次);

双向年通过货运量：$p = (n - n_0)\dfrac{NG\alpha}{\beta} = (54 - 2) \times \dfrac{320 \times 440 \times 0.8}{1.3} = 450.6$ 万 t/a。

2.6　小　　结

(1)为保证上、下级升船机各自连续运转,充分发挥升船机的功能和达到最大通过能力,在上、下游引航道停泊段、上、下级船厢内和中间渠道两端的停泊段应同时有3艘上行船和3艘下行船共计6艘船舶处于通过和等待通过的状态。

(2)当中间渠道较长时,上、下行船舶在渠道内的最小航速取决于上下两级升船机各自独立运转时间和船舶进出厢时间以及中间渠道长度;船舶的过坝时间和升船机的通过能力则应由升降幅度最大也即水位差最大的升船机运转所需的时间确定。

(3)从龙滩升船机中间渠道的算例结果可知,船舶在中间渠道内以较低的航速就可以保证升船机连续运转的要求,因此根据船舶在中间渠道航行的特点,研究降低中间渠道断面尺度是必要的。

本章参考文献

[1] 赵德志,刘清江,郑宝友,等. 两级升船机带中间渠道布置和船舶运行方式[J].水利水运工

程学报,2005(增刊):115-119.

[2] 中华人民共和国行业标准.JTJ 305—2001 船闸总体设计规范[S].北京:人民交通出版社,2001.

[3] 李焱,郑宝友,等.龙滩升船机中间渠道和渡槽通航条件模型试验研究报告[R].天津:交通部天津水运工程科研所,2005.

第3章　升船机中间渠道航行水力特性及尺度试验研究

船舶在中间渠道内的航行水力特性参量主要包括船行波、航行阻力、船周回流流速、航行下沉量等,这些参量与船舶航速以及渠道尺度紧密相关,如船舶航行下沉量是确定渠道水深的重要参量之一,同时渠道尺度又与船舶操纵性、航行漂角等有关。结合工程实例的试验研究成果和概化物理模型系列试验成果,对升船机中间渠道内船舶航行水力特性参量、船舶航速以及渠道尺度的规律关系进行论述,并提出了升船机中间渠道的参考尺度及确定原则。

3.1　龙滩升船机中间渠道通航条件试验研究[1-2]

3.1.1　工程概况

龙滩水利枢纽位于红水河上游,距广西天峨县城 15km,具有发电、防洪、通航及养鱼等综合效益,建成后,上游库区变成为深水航道,改善南、北盘江和干流航运里程 216~286km,结合红水河综合利用规划的其他 6 个梯级水利枢纽(岩滩、大化、百龙滩、恶滩、桥巩、大藤峡),将形成 1000 多公里的 Ⅳ 级深水航道,成为沟通滇、黔、桂、粤四省(区)的重要运输通道。

枢纽通航建筑物设计采用带中间渠道的两级湿运平衡重垂直升船机方案,包括上游引航道、第一级升船机、中间渠道和渡槽、第二级升船机、下游引航道等 5 个部分,全长 1700 多米,总水头 181m,第一级和第二级升船机提升高度分别为 88.5m 和 92.5m,承船厢有效尺度采用 70m×12m×2.2m(长×宽×水深),船厢不入水。中间渠道和渡槽为供船舶(队)上下行的人工航道,基本为山体挖槽而成,跨越冲沟段及下游与第二级升船机连接段采用通航渡槽,渡槽为钢筋混凝土梁板拱形结构,拱跨 60.0m,三段渡槽总长约 489m,渠道总长 1034m,宽度 32m,水深 2.5m。渠道两端为直线,上下船厢纵轴线在中间渠道相交,夹角为 10°,中部偏上弯道曲率半径为 400m,弯道段加宽为 38.0m。渠道断面基本均为矩形,渠底高程为 309.0m,渠道常年维护通航水位 311.50m。结合地形条件,在渠道中以桩号 N0+295.0、N0+560.0、N0+815.0 为起点,分别设置 3 段长 30m 的消波立柱,立柱平面尺寸 350mm×350mm,高 4.0m,间距 2.0m,中间渠道布置见图 2-3-1。

3.1.2　试验目的和内容

目前,对于中间渠道和渡槽尺度的设计无规范可遵循,如套用引航道尺度或现行《内河通航标准》(GB 51039—2004)中限制性航道尺度,受工程地形、地质条件限制,尺度较难满足,因此有必要根据龙滩工程中间渠道具体的边界条件和通航要求,对渠道和渡槽尺度及其航行条件进行试验研究,为中间渠道安全运行提供依据。主要研究内容如下:

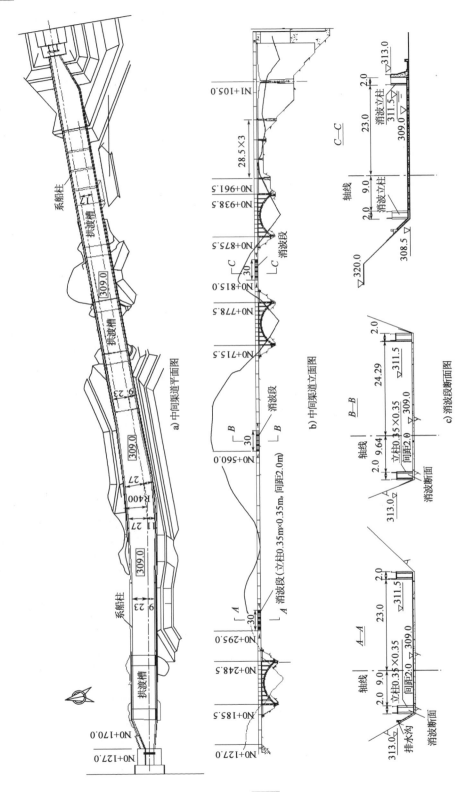

a) 中间渠道平面图

b) 中间渠道立面图

c) 消波段断面图

图2-3-1 龙滩升船机中间渠道（含渡槽）布置图（桩号、高程、尺度均以计）

（1）观测渠道内的船行波状态，以及上、下游端部及沿程波浪特征要素，确定合理的消波方案，使渡槽段的波高不超过 0.5m，以满足结构设计要求，以满足结构设计要求。

（2）研究船舶（队）在中间渠道中航行时的下沉量、船周回流流速、航行阻力、航行漂角和操舵角与航速的关系，提出中间渠道内船舶安全航行参数，包括安全行驶和会让速度，会让方式等。

3.1.3　试验条件

（1）通航水位

中间渠道通航水位为 311.5m，渠底高程为 309.0m，渠道内水深 2.5m。

（2）设计船型

500t 船队（1 顶 1 驳）：66m×10.8m×1.6m（长×宽×吃水，下同）；300t 船队（1 顶 1 驳）56m×9.2m×1.3m；500t 货船：67.5m×10.8m×1.6m。

（3）试验航速

船舶（队）在中间渠道中的航速大小是确定渠道尺度和通航条件的主要因素，应合理分析确定，既要确保船舶（队）在中间渠道的错船安全，又要提高运输效率。根据本篇第 2 章的计算分析结果，确定单船（队）试验航速选用 1.0m/s、1.5m/s、2.0m/s、2.5m/s；双向会船试验选用航速为 0.7m/s、1.0m/s、1.5m/s、2.0m/s。

（4）试验航线

船舶（队）航行与河岸之间的距离一般在 3.0～3.5m，中间渠道直线段宽度为 32m，试验取 1 顶 500t 船队外舷距河岸之间的距离为 3.0m，则其错船时两船之间的距离为 4.4m，因此设左、右航线分别离左、右岸壁8.4m（图 2-3-2）。

各种试验工况下的特征参数见表 2-3-1。

试 验 特 征 参 数　　　　　　　　　　　　　　表 2-3-1

船型			1 顶 500t 船队	500t 货轮	1 顶 300t 船队
中间渠道水深 h(m)			2.5	2.5	2.5
航速 V (m/s)	0.7	弗劳德数 F_r	0.141	0.141	0.141
	1.0		0.202	0.202	0.202
	1.5		0.303	0.303	0.303
	2.0		0.404	0.404	0.404
	2.5		0.505	0.505	0.505
	2.9		—	0.586	0.586
相对水深 h/T			1.56	1.56	1.92
水面宽度 B			32	32	32
过水面积 A			80	80	80
断面系数 $n = A/\omega$			4.74	4.72	6.89
相对航宽 B/B_S			2.96	2.96	3.47

注：表中弗劳德数 $F_r = V/(gh)^{0.5}$；V-航速；h-渠道水深；T-船舶吃水；B-渠道水面宽；A-渠道过水断面积；ω-船舶设计吃水的舯横剖面浸水面积；B_S-船舶（队）最大宽度。

3.1.4　模型设计

为降低黏滞力和表面张力的缩尺影响，模型不宜过小。模型为定床正态，比尺为 1∶20，按重力相似准则设计，模拟了第一、二级承船厢内净尺寸、整个中间渠道和渡槽，全长约 62m。

渠道模型边壁和底部采用塑料板制作,其糙率为 0.007～0.009,原体混凝土渠道的糙率为 0.013,换算为模型糙率为 0.0079,故模型糙率基本相似,模型布置见图 2-3-2 和图 2-3-3。

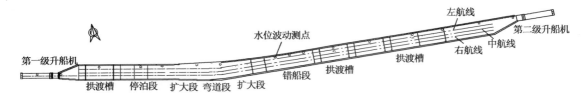

图 2-3-2　渠道模型布置示意图

a)

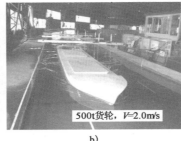
b)

c)

图 2-3-3　自航船模在中间渠道内航行照片

船模按重力相似准则设计,比尺与物理模型一致。船模制作时主要严格控制船体主甲板以下部分尺寸的精确度,对上层结构则进行了简化,驳船和推轮采用固连接。对于小比尺船模因缩尺而产生尺度效应,其操纵性相似,通常采用减小舵面积的方法改变舵效进行修正[4-5],本次试验船模比尺较大,为 1:20,参照荷兰 Delft 水力试验室对顶推船队尺度作用研究结果[6],当缩尺比不小于 1:25 时,缩尺影响较小,其操纵性基本能接近实船试验值,因此未进行减小舵面积的修正。

各物理参数比尺换算关系如下。

几何比尺:$\lambda_L = 20$;

速度比尺:$\lambda_v = \lambda_L^{\frac{1}{2}} = 4.472$;

时间比尺:$\lambda_t = \lambda_L^{\frac{1}{2}} = 4.472$;

糙率比尺:$\lambda_n = \lambda_L^{\frac{1}{6}} = 1.6475$;

水面比降:$\lambda_i = 1$;

船舶吃水比尺:$\lambda_T = 20$;

船舶排水量比尺:$\lambda_w = \lambda_L^3 = 8000$。

3.1.5　试验方法

试验采用自航船模和牵引船模两种方式。在中间渠道和渡槽中沿程布置水位传感器,测量船舶(队)单向和双向航行时中间渠道和渡槽的水位波动;在船舶(队)首尾设置水位传感器,测量不同航速航行时的船体下沉;用无极绳牵引方式测量船舶(队)不同航速时阻力;船周回流流速采用小威龙三维点式流速仪进行测量;采用船模测试系统测量自航船模会让时的航行舵角、漂角、船与岸、船与船之间的横向间距。试验中为消除船模层流边界层的影响,在艏柱后 0.05 倍驳船长度处安装 1 根 $\phi1.7\text{mm}$ 的激流丝。

3.1.6 航速率定试验

航速率定是通过调整螺旋桨的转速来得到相应的船模航速。率定试验在龙滩中间渠道模型中进行,为对比中间渠道的限制性特点,在 $30\text{m}\times40\text{m}\times0.4\text{m}$(长×宽×水深)的宽阔水池中也进行了相应的螺旋桨转速与船模航速的试验,相对于船模尺度,该水池基本属于无限水域。500t 和 300t 船队的航速率定结果见图 2-3-4。

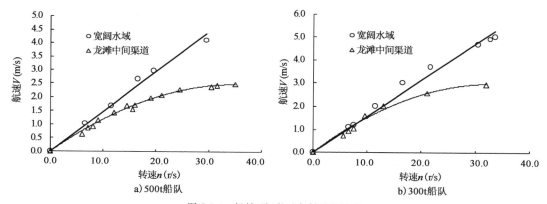

图 2-3-4 船舶(队)航速与转速的关系

从转速与航速关系的试验结果可知:①在中间渠道中航行的船舶(队),当航速小于等于 2.0m/s 时,转速与航速的关系近似呈线性,当超过 2.0m/s,其关系线趋于平缓,即航速增加的幅度明显小于转速,当 500t 船队和 500t 货轮航速超过 2.5m/s 时,增加转速,航速基本不增加,300t 船队最大航速 2.9m/s;②船舶(队)在宽阔水域中的航速与转速基本呈线性关系(航速在 5.0m/s 以下);③相同转速条件下,中间渠道中航速要远小于宽阔水域,说明其航行阻力要大得多,当 500t 船队在中间渠道内航速为 2.5m/s 时,相同转速下在宽阔水域中的航速为 4.5m/s。需要说明的是,本次试验航速均为在渠道内率定的对岸航速。

3.1.7 船行波试验

龙滩中间渠道属于狭窄的限制性水道,相对水深 $h/T=1.56\sim1.92$,断面系数 $n=4.74\sim6.89$,$F_r<0.6$,船舶(队)在其中航行时产生的船行波具有下列特点:

①当航速小于或等于 1.5m/s 时,渠道船行波不明显,波高较小;②当航速大于或等于 2.0m/s 时,渠道船行波具有明显的限制性航道的特征,岸壁影响开始显著,并使波动反射叠加,船舶(队)航向不稳定,需操舵把定航向;③当航速大于或等于 2.5m/s 时,3 种船型船尾出现明显的横波(图 2-3-3),对船舶(队)操纵影响较大;④船舶(队)在渠道中单向航行时,由于船头的推水作用,水位略有波动性的涌高,而后其周边水体向后运动,产生回流,水位有一明显下降,但当船尾经过后,水质点不再向后运动,而是有轻微的旋流,船舶停泊后,产生水体运动的动力因素虽消除,由于惯性作用,渠道中水体仍有来回波动(图 2-3-5);双向航行交会时,两船产生的水体波动相互作用,船间的水位有瞬时的涌高,交会后水位下降,其幅度要大于单船航

行,船舶交会后的水流在渠道中形成若干的弱的回流区,长度约 2.0m(原型为 40 m)。

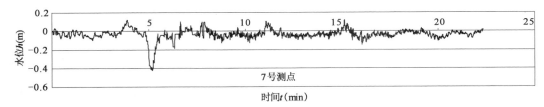

图 2-3-5　中间渠道内水位波动过程线

船行波产生的水位涌高影响渡槽结构受力,产生的水位下降影响船舶航行富裕水深,设计方案在渠道内设置 3 段长 30m 的消波立柱(见图 2-3-1),为分析消波效果,同时进行了无消波措施(即两侧均为直立混凝土墙面)的对比试验,图 2-3-6 所示为 1 顶 500t 船队渠道直线段各水位测点最大涌高和最大降低的平均值与航速关系。

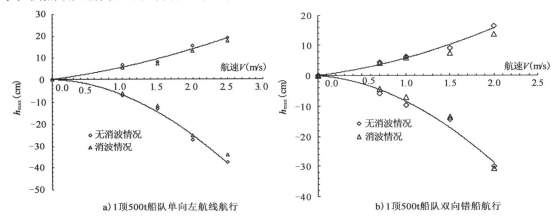

a)1顶500t船队单向左航线航行　　　　　　b)1顶500t船队双向错船航行

图 2-3-6　水位波动与航速关系曲线

试验表明:①中间渠道内不同位置(承船厢内、中间渠道上、下游端部、渡槽段及沿程)的水位波动随着航速的增大而增大;②相同航速下,错船航行产生的水位波动要大于单船航行;③错船航行时,当航速小于或等于 1.5m/s 时,渠道内船行波波动较小,航速为 2.0m/s 时,渠道内水位最大涌高值为 19.12cm,水位最大降低值为 45.5cm;渠道端部和承船厢内水位最大涌高值为 25.50cm,水位最大降低值为 27.25cm,因此当会船航速小于或等于 2.0m/s 时,渠道内的最大水位涌高值小于 50cm,单船航速为 2.5m/s 时,渠道内的最大水位涌高值也小于50cm,满足渡槽结构设计要求。

采用消波措施后,由于航速较低,对岸边测点的水位波动的改善不明显,但对水面趋于平静的时间有所减少。在目前的工程条件下,采用消波措施,有比无好。通常降低渠道船行波的措施主要有降低航速、增加水深或渠道边壁加糙等,针对龙滩工程,增加水深将增加渡槽结构的造价,而渠道边壁加糙,增加航行阻力,因此最有效的方法应该是降低航速。

3.1.8　船舶航行时的船周回流流速试验

船舶(队)在渠道中航行时,船周回流、船体下沉和纵倾变化均大于深水或宽阔水域中,这是因为船舶在限制性航道中航行,水流运动受到水深和航道宽度的双向限制,流过船体的回流速度增快,沿船长方向的压力变化增加,船体的浮态变化加剧,引起船体下沉及纵倾增大。

采用无极绳牵引方法,测量了500t和300t船队在渠道直线段航行的船侧和船底回流流速,船侧为船与岸之间或船与船之间的中点0.6倍水深处。测试方法采用了两种,第一种将流速仪放置在航行的船模上,将测出的流速减去航行速度即为水体的回流流速;第二种将流速仪固定在渠道中,直接测量船体经过时产生的流速,两种试验结果相差不大,成果整理时取两者平均值。试验结果见表2-3-2和图2-3-7,其中,V为航速,ΔV_{cp}为船两侧和船底回流流速的平均值。

各种工况下的回流流速情况(单位:m/s)　　　　　　　　　　　　　表2-3-2

渠道内船舶平均航速 V (m/s)	回流位置	1顶500t船队				1顶300t船队			
		左航线	中航线	停、航错船	等速错船	左航线	中航线	停、航错船	等速错船
0.7	左侧	0.28	0.21	0.43	0.17	0.19	0.13	0.22	0.10
	船底	0.24	0.14	0.34	0.03	0.13	0.10	0.10	0.01
	右侧	0.24	0.21	0.36	0.06	0.12	0.13	0.20	0.08
	ΔV_{cp}	0.25	0.17	0.38	0.08	0.15	0.12	0.17	0.06
1.0	左侧	0.40	0.32	0.66	0.25	0.24	0.23	0.25	0.20
	船底	0.35	0.20	0.49	0.08	0.18	0.13	0.20	0.08
	右侧	0.32	0.32	0.50	0.12	0.16	0.23	0.21	0.14
	ΔV_{cp}	0.36	0.28	0.55	0.15	0.19	0.20	0.22	0.14
1.5	左侧	0.65	0.46	0.87	0.30	0.40	0.32	0.42	0.22
	船底	0.56	0.35	0.63	0.18	0.35	0.18	0.34	0.17
	右侧	0.56	0.45	0.67	0.22	0.30	0.32	0.32	0.21
	ΔV_{cp}	0.59	0.42	0.72	0.23	0.35	0.27	0.36	0.20
2.0	左侧	0.92	0.70	1.04	0.44	0.53	0.36	0.56	0.35
	船底	0.84	0.44	0.88	0.29	0.45	0.26	0.45	0.28
	右侧	0.87	0.70	0.94	0.33	0.44	0.36	0.48	0.28
	ΔV_{cp}	0.88	0.61	0.95	0.35	0.47	0.33	0.50	0.30

注:①停、航错船是指一条船队停泊在航线上,另一条相同船队错船航行;
　　②错船是指两条相同船队等速交会。

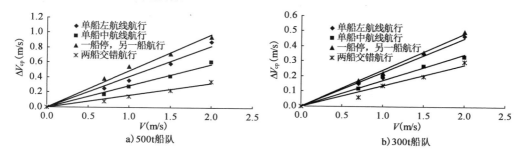

a)500t船队　　　　　　　　　　　　　b)300t船队

图2-3-7　回流与航速的关系

试验表明：①回流速度的大小与航速和渠道断面系数有关，航速越大，回流速度越大，两者基本呈线性关系；相同航速下，断面系数小时的回流流速大，如相同渠道条件，500t 船队的断面系数小于 300t 船队，故前者的回流速度比后者大；当一船停泊时，错船产生的回流流速最大，而两船对开错船时，错船瞬间两侧的回流速度要小于不错船时的回流速度，主要原因是受两船对驶时产生各自相反的流速影响；②船队偏离中线航行时，过水断面小一侧的回流流速要大于另一侧，如单船左航线航行时，船体左侧回流速度要大于右侧回流速度，单船沿中航线航行时，两侧回流速度基本相同；③船底回流速度通常比船侧小，相差比较显著的是两船等速错船工况。

3.1.9　航行下沉量试验

船队在渠道中航行时的首、尾下沉过程线见图 2-3-8 和图 2-3-9，不同航行工况下船舶首、尾下沉量见表 2-3-3。成果表明：①船队在渠道中航行，船尾下沉量要大于船首，下沉量随着航速增大而增大；②由于船队航行在封闭的渠道中产生波动，船体的下沉量也是起伏波动的；③船队错船时，因断面系数突然减小，船体的下沉量增大，当船队航速大于 1.5m/s 时，船体下沉量增大尤其明显；④船队以速度 2.0m/s 航行时，船舶（队）单向与错船时的船尾最大下沉量均小于 0.4m，尚有约 0.5m 的富裕水深，船体不会碰渠道底，增大航速至 2.5m/s 时，500t 货轮和 500t 船队的船尾发生触底现象。

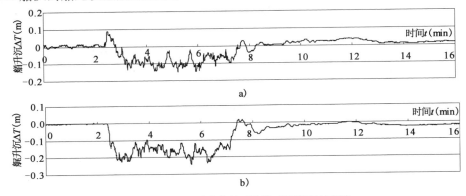

图 2-3-8　船队单向航行时的艏、艉下沉量过程线

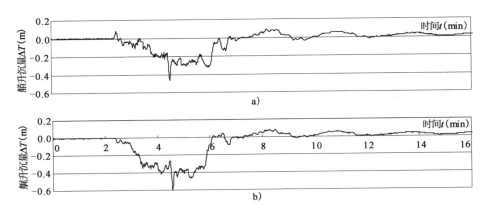

图 2-3-9　船队错船航行时的艏、艉下沉量过程线

不同工况下船体下沉量　　　　　　　　　　　　　　　表2-3-3

船型	航速 V (m/s)	下沉 (m)	单船航行（左航线）		与1顶500 t船队等速交错航行		与1顶300 t船队等速交错航行	
			船首	船尾	船首	船尾	船首	船尾
1顶500t船队	0.7	ΔT_{max}	0.074	0.086	0.108	0.128	0.10	0.128
	1.0	ΔT_{max}	0.106	0.132	0.12	0.146	0.114	0.158
	1.5	ΔT_{max}	0.132	0.156	0.164	0.184	0.155	0.18
	2.0	ΔT_{max}	0.287	0.313	0.312	0.378	0.328	0.354
1顶300t船队	0.7	ΔT_{max}	0.07	0.082	0.102	0.12	0.098	0.116
	1.0	ΔT_{max}	0.106	0.13	0.12	0.148	0.116	0.142
	1.5	ΔT_{max}	0.128	0.148	0.152	0.174	0.152	0.172
	2.0	ΔT_{max}	0.214	0.23	0.301	0.33	0.256	0.28

注：ΔT_{max}——船队首、尾下沉量最大值。

3.1.10　船舶航行阻力试验

为了确定船舶在中间渠道中合理的航速，采用牵引的方法，对500t和300t驳船进行了中航线单向航行的阻力测量。船舶的总阻力可分为两部分，一为剩余阻力，与弗劳德数有关，另一为摩擦阻力。由于船舶阻力全相似在实际的模拟中是难以实现的，在水池进行拖曳试验时，一般保持船舶与其模型的弗劳德数相等，而摩擦阻力不作模拟，故实船阻力需进行换算，详见文献[7]。500t和300t驳船航行阻力与航速关系结果见图2-3-10，从中可知：①随着航速的增加，船队阻力呈加速增大；相同航速下，500t驳船由于其断面系数较小（4.74），其阻力明显大于300t驳船（断面系数为6.89）；②如仅从航行阻力的变化情况衡量合理航速时，500t驳船航速大于2.0m/s时，阻力增幅明显加大，因此500t船队在渠道内的航行速度宜小于2.0m/s；300t驳船航速大于2.5m/s时，阻力增幅明显加大，因此300t船队在渠道内的航行速度宜小于或等于2.5m/s。

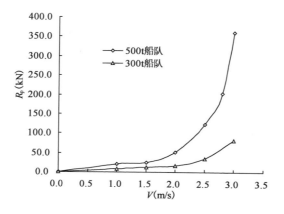

图2-3-10　航行阻力与航速关系曲线

3.1.11 船舶(队)会船航行试验

(1)单船在渠道中的直航航态

通常船舶在单线航道中航行,由于船舶两侧载量、水流流态的不对称以及左右螺旋桨性能的差异,会产生一定的偏航。试验表明,当航速小于1.0m/s时,船只沿渠道左、中、右航线能保持直线航行,漂角为1°~2°;当航速为1.5~2.0m/s时,渠道的狭道效应对船舶航态产生影响明显,通过操舵,船舶能基本沿航线行走,漂角为2°~3°;当航速为2.5m/s时,渠道的狭道效应使船舶的航向难以保证,有时呈S形航行,较为危险,因此船舶在渠道中的最大单向航速应小于2.5m/s。

(2)会船航线

龙滩中间渠道的长度1034m,约15倍设计船长,船舶(队)分别从上、下船厢驶出,经过停泊段处的船舶后,要准备会船。船舶在会船前如走中航线,会船时分别走左或右航线,航向角的变化使得航迹带加宽,不利于会船,试验中常常发生碰船的险情,为避免这种情况发生,船只宜按固定的航线航行。

中间渠道的中上部有一段弯曲段,弯曲半径为400m,由于船舶(队)转弯时的航迹带通常要宽,因此建议船只上行走右航线、下行走左航线,这样,在渠道中部会船前,下行船转弯时不存在艉扫岸壁,对会船有利,而上行船沿右航线直线航行至会船段,会船后转弯时,可适当靠中线航行,防止船尾扫壁,这种航线的设定,对于船舶进出船厢,为曲出直进的方式。

(3)会船方式试验

进行了不同航线上、下行的会船、等速会船,航、停会让以及弯道段会船等试验,测量了航行漂角、航迹带宽、舷岸距、会船间距和操舵角等航行参数,错船位置在整个渠道的中间的直线段(图2-3-2),试验结果见表2-3-4~表2-3-7。

500t货轮与船队对驶,直线段会船时的航行参数值　　　　表2-3-4

会船船型	航速(m/s)	下行船最大航迹宽度(m)	上行船最大航迹宽度(m)	下行船最大漂角(°)	上行船最大漂角(°)	会船最小间距(m)	下行船队最小岸距(m)	上行船队最小岸距(m)	下行船队最大舵角(°)	上行船队最大舵角(°)	试验情况
500t货轮左航线下行 500t船队右航线上行	0.7	15.6~16.4	15.2~15.6	4~5	3~4	1.4~2.0	1.0~2.6	1.6~2.6	16.0~25.3	14.8~23.4	4次中1次失败
	1.0	16.0~16.4	13.6~16.4	4~5	3~4	2.6~3.2	0.4~1.4	0.2~2.8	17.2~24.0	12.8~25.8	4次1次失败
	1.5	14.2~16.4	14.4~16.0	4~5	4~5	1.0~1.6	1.6~4.0	0.4~2.4	18.4~26.6	12.6~27.5	3次中1次危险
	2.0	16.4~17.6	16.0~16.8	5~6	5~6	2.2~3.2	0.8~2.4	1.2~1.6	14.8~28.8	14.4~25.8	4次中1次船尾扫壁
500t货轮左航线下行 300t右航线船队上行	0.7	14.0~16.0	12.4~14.4	3~4	3~4	1.2~2.8	3.0~3.6	0.4~3.6	18.0~28.0	14.7~24.8	3次中1次危险
	1.0	15.5~16.8	13.0~15.6	4~5	3~5	1.4~2.8	1.2~2.8	0.4~2.8	19.6~26.1	13.3~26.0	4次中1次失败
	1.5	15.8~17.0	13.6~14.6	4~5	4~5	2.4~3.6	1.8~2.6	1.0~1.2	16.0~24.7	19.2~24.3	4次中2次失败
	2.0	17.0~18.4	13.6~14.4	5~6	5~6	1.6~2.4	0.8~3.6	0.8~2.2	19.3~26.5	15.8~22.9	3次中1次失败

注:表中数据为同一工况下多组试验的最大值范围,下同。

下行船沿左航线与上行船沿右航线对驶，直线段会船时的航行参数值　　表 2-3-5

会船船型	航速(m/s)	下行船最大航迹宽度(m)	上行船最大航迹宽度(m)	下行船最大漂角(°)	上行船最大漂角(°)	会船最小间距(m)	下行船队最小岸距(m)	上行船队最小岸距(m)	下行船队最大舵角(°)	上行船队最大舵角(°)	试验情况
500t 船队左航线下行 500t 船队右航线上行	0.7	13.6~14.4	13.6~14.8	2~3	3~4	1.4~4.6	1.0~4.0	0.4~2.6	13.8~28.2	7.9~20.6	7 次均成功
	1.0	14.0~14.8	14.0~14.8	2~3	3~4	1.4~5.8	1.0~2.4	0.4~2.8	11.0~27.8	6.0~20.8	7 次均成功
	1.5	14.2~14.8	14.2~14.8	3~4	3~4	1.8~2.6	1.6~3.6	1.4~1.8	16.0~28.6	7.1~14.2	5 次中 1 次失败
	2.0	14.4~15.2	13.6~16.0	3~4	3~4	0.4~2.8	1.4~3.6	1.4~1.8	11.4~19.7	7.3~15.8	4 次中 1 次不成功
500t 船队左航线下行 300t 船队右航线上行	0.7	13.4~14.0	11.0~12.8	2~3	1~2	2.2~4.4	1.8~2.6	2.4~3.0	8.7~23.5	7.1~13.0	5 次均成功
	1.0	14.0~14.8	12.0~13.0	3~4	2~3	2.0~3.0	1.8~3.8	1.0~2.2	13.9~24.7	9.4~21.0	5 次均成功
	1.5	13.2~14.4	12.0~12.8	3~4	2~3	2.4~4.2	1.6~2.8	1.4~2.4	12.7~20.5	8.5~21.3	5 次中 1 次不成功
	2.0	14.4~14.8	10.8~13.2	2~3	2~3	1.8~2.4	1.0~2.6	2.8~5.6	10.0~15.0	7.3~16.9	4 次中 2 次失败
300t 船队左航线下行 300t 船队右航线上行	0.7	11.6~12.4	10.6~13.0	2~3	2~3	1.8~3.8	3.4~3.8	3.0~5.4	8.3~18.9	4.5~13.7	4 次均成功
	1.0	11.0~13.6	12.4~13.6	2~4	3~4	3.6~5.6	1.8~4.8	1.0~3.0	10.9~17.2	5.1~20.3	4 次均成功
	1.5	11.8~13.4	10.8~12.2	3~4	2~3	2.8~5.0	1.8~4.0	1.8~5.2	7.0~16.6	6.0~14.2	4 次均成功
	2.0	11.8~13.4	10.4~13.2	3~4	2~4	4.6~6.0	1.2~2.4	1.2~4.6	12.7~17.3	10.0~25.5	4 次均成功

下行船沿右航线与上行船沿左航线对驶，直线段会船时的航行参数值　　表 2-3-6

会船船型	航速(m/s)	下行船最大航迹宽度(m)	上行船最大航迹宽度(m)	下行船最大漂角(°)	上行船最大漂角(°)	会船最小间距(m)	下行船队最小岸距(m)	上行船队最小岸距(m)	下行船队最大舵角(°)	上行船队最大舵角(°)	试验情况
500t 船队右航线下行 500t 船队左航线上行	0.7	13.0~14.8	13.4~15.2	2~3	3~4	1.6~3.8	1.2~4.0	1.0~3.0	16.8~30.0	11.2~19.7	5 次均成功
	1.0	14.0~14.6	14.4~14.8	2~3	3~4	1.6~2.0	1.8~4.0	2.6~3.0	13.0~20.1	10.0~29.8	5 次中 1 次失败
	1.5	14.2~15.6	14.0~14.4	3~4	3~4	1.6~2.2	1.0~2.4	1.6~3.2	8.0~29.1	11.6~16.1	4 次中 1 次不成功,2 次危险
	2.0	14.0~15.6	14.4~16.0	3~4	3~4	1.6~2.8	1.0~4.0	0.2~3.6	16.7~22.4	13.2~23.3	4 次中 2 次不成功,1 次危险
500t 船队右航线下行 300t 船队左航线上行	0.7	12.4~14.0	10.8~12.2	2~3	2~3	1.4~3.0	2.6~6.0	1.0~2.2	7.3~21.5	7.3~21.1	4 次中 1 次失败
	1.0	14.0~14.4	10.6~12.8	3~4	3~4	2.0~4.2	1.4~4.6	1.6~3.0	9.7~24.3	9.1~22.2	5 次中 1 次失败
	1.5	15.0~17.0	11.2~12.8	4~6	2~3	3.8~5.6	0.2~1.0	1.4~3.4	9.3~27.7	8.8~20.0	500t 船尾离岸壁太近
	2.0	16.0~16.4	11.8~12.0	5~6	2~3	4.0~5.6	0.4~0.6	1.8~3.0	12.1~27.6	3.3~15.8	5 次中 500t 船尾 3 次扫壁

会船船型	航速(m/s)	下行船最大航迹宽度(m)	上行船最大航迹宽度(m)	下行船最大漂角(°)	上行船最大漂角(°)	会船最小间距(m)	下行船队最小岸距(m)	上行船队最小岸距(m)	下行船队最大舵角(°)	上行船队最大舵角(°)	试验情况
300t船队右航线下行300t船队左航线上行	0.7	12.0~13.0	11.0~12.0	3~4	2~3	2.4~5.2	1.4~3.4	3.2~6.0	15.7~27.0	4.0~16.4	4次均成功
	1.0	12.0~13.6	10.0~13.6	3~4	3~4	1.2~5.4	2.0~4.8	1.4~6.2	11.7~25.0	7.3~25.3	4次均成功
	1.5	12.0~12.8	11.6~12.4	3~4	2~3	4.0~5.2	1.8~2.0	1.8~3.6	6.5~17.6	5.1~15.0	4次中2次船尾扫壁
	2.0	15.0~15.6	10.8~12.0	5~6	2~3	4.6~5.0	0.2~0.8	2.8~3.4	14.0~16.6	7.2~14.2	4次中2次船尾扫壁

直线段航、停会船时的航行参数值 表 2-3-7

会船船型	航速(m/s)	下行船航迹带宽度(m)	漂角(°)	会船最小间距(m)	下行船最小岸距(m)	下行船最大舵角(°)	试验次数及其情况
500t船队停泊右岸,距岸3.0m,500t船队左航线下行	0.7	11.0~14.0	1~3	1.4~4.4	2.0~5.0	4.5~18.6	5次均成功
	1.0	12.6~14.0	2~3	1.2~4.0	2.8~5.0	3.0~14.5	4次均成功
	1.5	12.4~13.6	2~3	3.2~3.8	3.0~3.2	6.0~17.5	4次均成功
	2.0	12.0~13.6	2~3	3.8~5.2	2.2~2.4	5.1~19.0	4次中1次失败
500t船队停泊右岸,距岸5.0m,500t船队左航线下行	0.7	13.6~14.0	2~3	2.2~2.6	1.2~1.6	10.0~21.4	3次均成功
	1.0	13.4~14.0	2~3	2.1~2.3	1.0~1.4	8.2~15.1	3次均成功
	1.5	14.0~14.4	3~4	2.2~2.4		6.5~15.2	4次中1次失败
	2.0	14.0~14.4	3~4	1.6~2.2	0.6~2.0	9.0~19.4	3次中1次失败
500t船队停泊右岸,距岸3.0m,500t货船左航线下行	0.7	13.2~13.8	1~2	1.8~2.5	2.0~3.2	16.4~24.9	3次均成功
	1.0	13.0~13.6	1~2	1.6~2.3	2.0~3.4	13.0~22.0	3次均成功
	1.5	14.0~14.8	2	2.0~2.6	1.8~2.6	12.8~24.2	3次均成功
	2.0	15.6~16.0	3~4	0.8~1.9	1.4~3.2	16.4~29.4	3次中1次失败
300t船队停泊右岸,距岸3.0m,500t货船左航线下行	0.7	12.2~13.2	1~2	2.2~2.4	3.2~4.3	12.0~19.0	3次均成功
	1.0	12.4~13.2	1~2	1.8~2.4	3.6~4.4	11.7~17.8	3次均成功
	1.5	12.4~14.4	2~3	1.6~2.4	2.8~4.8	11.9~23.8	4次均成功
	2.0	12.4~14.8	2~3	1.4~2.2	4.4~5.6	16.0~22.1	4次中1次失败

上、下行船舶在渠道中部等速会船,由于相互影响,航向会有偏移。当航速大于1.5m/s时,航向的变化较明显,船只产生转矩,表现在船首偏向中心线,船尾偏向岸,船吸现象不明显,但易产生船尾岸吸现象。试验中如果不及时操舵抗横转矩,则船尾易扫岸壁,若操舵过量,船体离岸航行过近容易被岸吸,最有效的办法是降低航速,但航速过低时船舶舵效差,不利于操纵,且运输效率低,因此航速不宜小于0.7m/s。从试验的航行参数值来看,等速会让具有一定的危险性,不宜采用。

航、停会让方式:即在两船交会前,一船停泊(试验时停泊在航线上),另一船航行交错通过。龙滩中间渠道32m宽,采用航、停的会让方式,当航速小于或等于1.5m/s时,可安全通过,同时停泊船宜停靠在右航线上。

船舶转弯操纵需要一定的航速,转弯时的航迹带也要宽,因此不宜在转弯段等速会船。但在弯道段可进行航、停会让,当航速小于或等于 1.5m/s,可安全通过,停泊船也宜停靠在右航线上(弯道的凹侧)。

(4)航、停会让停泊条件

停泊船舶(队)若系缆,进行停泊系缆力的试验,以验证停泊条件能否满足规范要求[8]。停泊船舶(队)为上行船只,下行船舶(队)以不同航速沿左航线航行通过停泊船舶。试验观测了3 种船型相互组合时,航速从 1.0～2.5m/s 时的系缆力时间过程线,得到了会船速度与纵向力的关系(图 2-3-11)。

试验表明:①船舶系缆力随着航行船舶航速的增大而增大;②相同条件下,500t 船舶(队)受力要大于 300t 船队,500t 船舶(队)航行时对停泊船只产生的系缆力要大于 300t 船队航行时;③航行船舶(队)的航速为 1.5m/s 时,500t 船舶(队)的最大纵向力为 24.0kN,小于规范允许的 25kN 限值,最大横向力为 8.4kN,小于允许的 13kN 限值;300t 船队的最大纵向力为14.3kN,小于允许的 18kN 限值,最大横向力为 6.5kN,小于允许的 9kN 限值,因此当航行船舶(队)的航速小于或等于 1.5m/s 时,采用航停会让方式,停泊船只满足停泊要求。

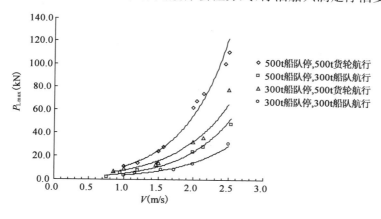

图 2-3-11　会船速度与纵向力的关系

3.1.12　龙滩中间渠道的特点分析

(1)龙滩中间渠道总长 1034m,约为 15 倍设计船长,减去两端进出船厢所需要的停泊段、导航段和调顺段的长度(取 7 倍船长)以及船舶停泊前需要的制动段的距离(取 1 倍船长),船舶在渠道中的正常航行距离约为 7 倍船长,如果考虑交会时航速降低,则船舶(队)在整个渠道中的平均航行速度不可能很高。根据本篇第 2 章的分析计算,龙滩中间渠道内船舶航速在较低时,就可满足升船机的通过能力,因此,船舶(队)在龙滩中间渠道内可以采用较低航速航行,其尺度可以小于内河通航标准中Ⅳ级限制性航道尺度。

(2)龙滩中间渠道中有长 489m 的渡槽结构,若渠道宽度太大,工程造价将较大,同时地形条件也限制渠道宽度难以加宽。因此根据试验结果,通过限制航速以及采取合理的船舶会让方式,在目前的渠道尺度下,是能保证船舶安全航行的。

3.1.13　结论与建议

①龙滩中间渠道直线段宽度为 32m,水深为 2.5m,其宽度和断面系数小于内河通航标准中Ⅳ级限制性航道尺度,降低渠道内船舶(队)航速至 1.0～1.5m/s 之间,同时采用航、停的会让方式,渠道尺度能确保升船机设计通过能力和船舶航行安全;②龙滩中间渠道中会船航行时,宜设定固定的航线,采用上行走右航线、下行走左航线的方式,对于船舶进出船厢,则为曲出直进的方式;③当航速≤1.5m/s,其产生的水位波动、船舶升沉、航行阻力和停泊系缆力均满足要求;④为确保会船的安全,建议可在龙滩中间渠道会船段中部和渠道两岸壁设置防撞设施,杜绝两船以及船与岸壁直接相碰。

3.2　Ⅳ、Ⅴ级升船机中间渠道双线尺度与航行水力特性系列试验研究[9-10]

3.2.1　试验目的

采用概化物理模型和船模相结合的试验方法,针对山区河流Ⅳ、Ⅴ级航道的升船机船厢不入水方案,研究不同中间渠道尺度条件下,船舶(队)的航行条件,包括航速、船行波、船舶阻力、回流速度、船舶升沉和航行会让条件等,以探求中间渠道各航行参量相互间的关系,并提出中间渠道的参考尺度,为类似工程提供参考和借鉴。

3.2.2　试验条件

(1)试验船型

选用龙滩升船机中间渠道的试验船队模型,即:Ⅳ级航道为 1 顶 500t 船队,尺度为 66m×10.8m×1.6m(长×宽×吃水,下同);300t 船队(1 顶 1 驳)Ⅴ级航道为 1 顶 300t 船队,尺度为 56m×9.2m×1.3m。

(2)试验航速

中间渠道内船舶(队)的最小航速主要受渠道长度和升船机水头的影响。对于设中间渠道的两级升船机,假设上、下级升船机克服的水头均取最小值 40m,总水头则为 80m;国内外中间渠道的长度最长为 5630m。中间渠道内船舶(队)的最小航速应保证上、下级升船机各自连续运转的功能,达到最大的通航能力,根据本篇第 2 章的计算方法,在总水头 80m 作用下,船舶(队)在长度为 6000m、5000m、4000m、3000m、2000m、1000m 的中间渠道内航行时的最小航速分别为 2.79m/s、2.29m/s、1.79m/s、1.30m/s、0.80m/s、0.30m/s。由于船舶(队)低速航行的速度一般应不小于 1.0m/s,以保证其操纵性能和运输效率,因此,船舶(队)的试验航速分别取 1.0m/s、1.5m/s、2.0m/s、2.5m/s 和 3.0m/s。

(3)中间渠道断面形式及尺度

断面形式分为矩形和梯形(边坡为 1∶1)两种,参考目前中间渠道实际工程和内河通航标准中限制性航道尺度,渠道底宽分别取为 28m、32m、36m 和 40m,水深取为 2.0m、2.5m、3.0m 和 3.5m。

（4）试验工况

试验工况见表 2-3-8。试验范围为：① Ⅳ 级 500t 船队，渠道过水断面积 A 为 70～138.25m^2，断面系数（$n=A/\omega$）4.10～8.10，相对水深 h/T 为 1.25～2.19，相对宽度 B_0/B_c 为 2.59～3.70；② Ⅴ 级 300t 船队，渠道过水断面积为 56～138.25m^2，断面系数为 4.75～11.72，相对水深为 1.54～2.69，相对宽度为 3.04～4.35。

试验工况及特征值　　　　表 2-3-8

工况	航道等级	船型	渠道底宽 B_0 (m)	渠道水深 h (m)	渠道过水断面积 A (m^2)	断面系数 A/ω	相对水深 h/T	相对宽度 B_0/B_c
1				2.5	70(76.25)	4.10(4.47)	1.56	2.59
2			28	3.0	84(93.00)	4.92(5.45)	1.88	2.59
3				3.5	98(110.25)	5.74(6.46)	2.19	2.59
4				2.5	80(86.25)	4.69(5.06)	1.56	2.96
5			32	3.0	96(105.00)	5.63(6.15)	1.88	2.96
6	Ⅳ级	500t 船队		3.5	112(124.25)	6.57(7.28)	2.19	2.96
7				2.5	90(96.25)	5.28(5.64)	1.56	3.33
8			36	3.0	108(117.00)	6.33(6.86)	1.88	3.33
9				3.5	126(138.25)	7.39(8.10)	2.19	3.33
10				2.0	80(84.00)	4.69(4.92)	1.25	3.70
11			40	2.5	100(106.25)	5.86(6.23)	1.56	3.70
12				3.0	120(129.00)	7.03(7.56)	1.88	3.70
13				2.0	56(60.00)	4.75(5.08)	1.54	3.04
14			28	2.5	70(76.25)	5.93(6.46)	1.92	3.04
15				3.0	84(93.00)	7.12(7.88)	2.31	3.04
16				3.5	98(110.25)	8.31(9.34)	2.69	3.04
17				2.0	64(68.00)	5.42(5.76)	1.54	3.48
18			32	2.5	80(86.25)	6.78(7.31)	1.92	3.48
19	Ⅴ级	300t 船队		3.0	96(105.00)	8.14(8.90)	2.31	3.48
20				3.5	112(124.25)	9.49(10.53)	2.69	3.48
21				2.0	72(76.00)	6.10(6.44)	1.54	3.91
22			36	2.5	90(96.25)	7.63(8.16)	1.92	3.91
23				3.0	108(117.00)	9.15(9.92)	2.31	3.91
24				3.5	126(138.25)	10.68(11.72)	2.69	3.91
25				2.0	80(84.00)	6.78(7.12)	1.54	4.35
26			40	2.5	100(106.25)	8.47(9.00)	1.92	4.35
27				3.0	120(129.00)	10.17(10.93)	2.31	4.35

注：①表中括号中的数据为边坡1:1梯形断面的参数值；

②B_0-渠道底宽；h-渠道水深；A-渠道过水断面积；ω-船舶舯横剖面浸水面积；T-船舶吃水；B_c-船舶（队）宽度。

3.2.3 试验模型概况

试验在塑料板水池中进行,模型比尺为 1∶20。水池总长为 60 m,宽 2.5 m,最大水深 0.3m,水池的两侧壁可调整为不同的池底宽和斜度(90°和 45°)。

试验采用牵引船模进行船舶(队)航行时水位波动、航行阻力、回流流速和航行下沉量与航速、渠道尺度之间相互关系的试验,以确定合理的航速和渠道水深。采用自航船模模拟船队在渠道中错船航行时(只考虑等速会船方式)的航态,测量航行漂角,以确定合理的渠道宽度。由于物理模型无法模拟出实船的起动、制动和停泊过程,试验中设定船只航行起动与制动距离见图 2-3-12;船只停泊距模型端部 6m,经起动段 4m 后,达到试验航速并匀速航行,当船首航行至距渠道下端部 8m 开始减速,至距渠道下端部 4m 停止,各试验参数均取匀速段的数值。

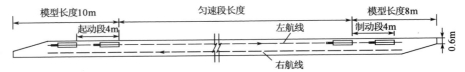

图 2-3-12　模型平面示意图

船舶(队)的中航线设在中间渠道(宽度)的中心,左、右航线的设置情况见图 2-3-13。

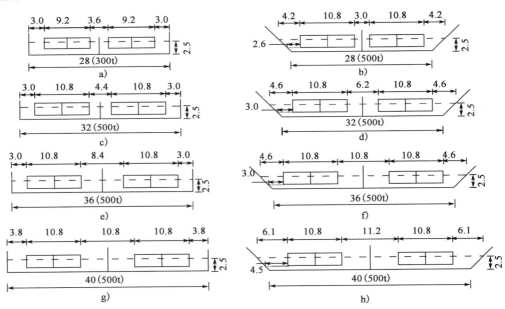

图 2-3-13　中间渠道内航线布置(尺寸单位:m)

3.2.4 船行波

船行波是属于重力波范畴的一种水面波动,通常由船首波系和船尾波系组成,两者都是由两组明显的散波和横波组成[11-13]。船行波为对渠道护坡起破坏作用的主要因素,开展船行波的研究,对于改进渠道护坡设计以及船舶航行性能有重要意义。影响船行波的主要因素有船

型、航速、渠道尺度和断面形状,以及船舶(队)航线到岸线的距离等,根据量纲分析和 π 定理,可得:

$$\frac{H}{h} = F\left(\frac{V}{\sqrt{gh}}, n, \frac{L_c}{B_c}, \frac{B_c}{T_c}, \frac{B}{B_c}, \frac{h}{T_c}, m, \sigma\right) \qquad (2\text{-}3\text{-}1)$$

式中:H ——船边或岸边的船行波波高(m);

　　　h ——渠道水深(m);

　　　V ——航速(m/s);

　　　g ——重力加速度(m/s²);

　　　n ——渠道断面系数;

　　　L_c ——船长(m);

　　　B_c ——船宽(m);

　　　T_c ——船舶吃水(m);

　　　B ——渠道宽度(m);

　　　m ——边坡系数;

　　　σ ——船舶菱形系数。

式(2-3-1)中各独立变量中,σ,$\frac{L_c}{B_c}$,$\frac{B_c}{T_c}$ 属于船型方面的因子,对于固定船型和固定的航道边坡,则该式可以简化为弗劳德数 $F_r\left(\frac{V}{\sqrt{gh}}\right)$、断面系数($n$)和相对渠道尺度$\left(\frac{B}{B_c}, \frac{h}{T_c}\right)$的函数。研究表明,航速是影响船行波最突出的因素,当航速低于临界速度时,船行波随航速的增大而增大;当航速为临界速度时,船行波达到最大值。其次船行波随航道断面系数 n 值的增大而减小,当 n 值大于一定值时,继续增大 n 值对降低船行波波高作用不明显。船行波的平面形态随弗劳德数变化而发生改变,弗劳德数提高,船行波由深水特性转为浅水特性,散波扩散角(波峰线与船舶纵轴线夹角)增大,当弗劳德数 $F_r \approx 1$ 时,舳、艉两组波系演变成两道横波,也称之为独波,而实际上,明显的独波也会在其他条件下发生,在苏南运河船行波试验中[14],观测到发生横波的 $h/T_c = 1.5 \sim 1.7$,$F_r = 0.6 \sim 0.7$。

矩形断面渠道宽为 36m、水深 2.5m 的情况下,500t 船队中航线航行时的船行波波高见表2-3-9。从中可见,中间渠道中的波谷(H_g)与波高(H)之比(H_g/H)随航速的增加而逐步增大,H_g/H 平均为 0.69。

500t 船队中航线航行时的船行波波高　　　　表 2-3-9

项目	航速 1.0m/s			航速 1.5m/s			航速 2.0m/s			航速 2.5m/s			航速 3.0m/s		
	波谷 H_g (m)	波高 H (m)	H_g/H	波谷 H_g (m)	波高 H (m)	H_g/H	波谷 H_g (m)	波高 H (m)	H_g/H	波谷 H_g (m)	波高 H (m)	H_g/H	波谷 H_g (m)	波高 H (m)	H_g/H
试验值	−0.06	0.09	0.67	−0.13	0.22	0.67	−0.26	0.38	0.68	−0.42	0.60	0.70	−0.80	1.05	0.76
式(2-3-2)的计算值	—	0.11	—	—	0.24	—	—	0.43	—	—	0.67	—	—	0.97	—
式(2-3-3)的计算值	—	0.11	—	—	0.24	—	—	0.42	—	—	0.65	—	—	0.94	—

图2-3-14为试验所得船行波波高与航速、渠道水深、宽度和断面系数的关系，从中可知：增大渠宽、水深和断面系数，船行波减小，增大航速，船行波呈指数增加，当航速增加到一定条件下，船尾出现明显的横波，渠道断面系数越大，出现横波所需的航速也大，如断面系数为4.5～5.0，航速大于或等于2.5m/s时出现横波，断面系数大于6，航速为3.0m/s，还未出现横波；船行波的衰减随断面系数的增大而加快。

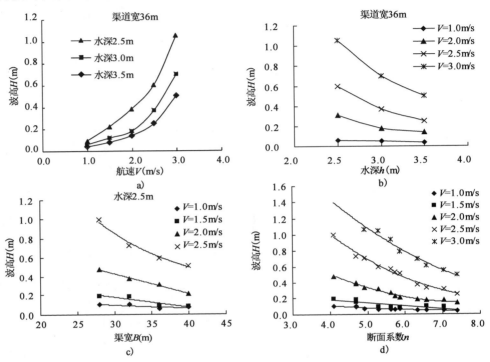

图2-3-14　船行波波高与航速、渠道水深、宽度和断面系数的关系

各国学者曾用不同的半理论、半经验公式[15-16]计算船行波波高，但各公式的波高计算结果差别较大，本次试验有关船行波的结果与文献[15]中提出的式(2-3-2)以及苏联学者向金得出的式(2-3-3)较为吻合(表2-3-9)，故两式均可用于计算中间渠道内船行波波高。

$$H = \beta \cdot K_c \cdot \frac{V^2}{2g} \tag{2-3-2}$$

式中：H——船行波波高(m)；

β——系数，$\beta = (2 + \sqrt{B/L_c})/(1 + \sqrt{B/L_c})$，$B$为计算水位时，航道的水面宽度(m)，当船舶不沿航道中线航行时，以$2b_c$(b_c为船舶至最近岸坡的距离)取代式中的B，L_c为船舶长度(m)；

K_c——系数，$K_c = 2.5 \cdot \left[1 - (1 - 1/\sqrt{4.2 + n}) \cdot \left(\frac{n-1}{n} \right)^2 \right]$；

n——航道断面系数；

V——船舶的航速(m/s)；

g——重力加速度(m²/s)。

$$H = \frac{2 + \sqrt{B_0/L_c}}{1 + \sqrt{B_0/L_c}} \cdot h'$$ (2-3-3)

$$h' = \frac{3.1}{\sqrt{n}} \frac{V^2}{2g}$$

式中：H ——船行波波高(m)；

B_0 ——当船舶沿河道轴线航行时，为船舶吃水处的水面宽度；偏航时，为船舶至欲求波高一岸的水边线距离的两倍(m)；

L_c ——船舶长度(m)；

V ——船舶(队)的航速(m/s)；

n ——渠道断面系数；

g ——重力加速度(m/s²)。

3.2.5　船舶航行下沉量与船周回流速度

影响船舶航行下沉量的因素包括：①边界条件，如航道断面尺度、底质、断面形式和断面系数等；②船舶条件，如船型、尺度，方形系数，船体粗糙度，船舶编队队形等；③运动要素，如指船舶(队)的航速；水流流速流态等；④水质物理特性，如水体密度、运动黏性系数等；⑤其他，如船舶交会和风浪的影响等。当边界条件、船舶尺度型线及水质确定后，船舶航行下沉量主要与航速、航道尺度和回流速度等有关。对于船舶航行时的下沉现象，国内外学者很早就进行了研究。

1）理论分析

假设船体水下部分的横截面积与航道的横截面积为同一量级，沿船长某截面处的相对速度为常量，并忽略垂向和纵向分速度，如图 2-3-15 所示，在船体上建立直角坐标系，船舶对岸的速度为 V_1，如假定船不动，水流流经船体，则在船舶前方远处的水流速度为 V_1，在船舶前方（1—1 断面）和船舶舯剖面 2—2 断面列出连续性方程和伯努里方程。

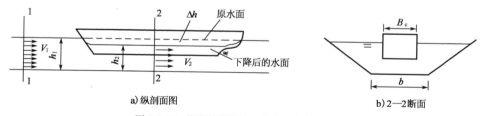

a) 纵剖面图　　　　　　　　　b) 2—2断面

图 2-3-15　限制性航道中水流经过船舶示意图

连续性方程：

$$V_1 \omega_1 = V_2 \omega_2 = V_2 (\omega_1 - \omega_c)$$ (2-3-4)

得：

$$V_2 = V_1 \omega_1 / (\omega_1 - \omega_c)$$ (2-3-5)

$$\Delta V / V_1 = \omega_1 / (\omega_1 - \omega_c) - 1 = S/(1 - S)$$

伯努里方程：

$$\frac{V_1^2}{2g} + h_1 = \frac{V_2^2}{2g} + h_2$$ (2-3-6)

得：

$$\Delta h = h_1 - h_2 = (V_2^2 - V_1^2)/2g \qquad (2\text{-}3\text{-}7)$$

或：

$$\Delta h = (V_2^2 - V_1^2)/2g = \left[(V_1 + \Delta V)^2 - V_1^2\right]/2g \qquad (2\text{-}3\text{-}8)$$

式中：V_1、V_2 ——1—1 与 2—2 断面的流速（m/s）；

$\quad$ h_1、h_2 ——1—1 与 2—2 断面的水深（m）；

$\quad$ ω_1、ω_2 ——1—1 与 2—2 断面的断面积（m^2）；

$\qquad$ ω_c ——船舶舯剖面积（m^2）；

$\qquad$ S ——阻塞比，$S = \dfrac{\omega_c}{\omega_1}$，即断面系数的倒数；

$\qquad$ g ——重力加速度（m/s^2）；

$\qquad$ Δh ——水面的降低（m）；

$\qquad$ ΔV ——船周回流速度（m/s）。

船体下沉 ΔT 是由于水面下降 Δh 引起的，可近似地认为 $\Delta T \approx \Delta h$，以求得船体的平均下沉量。用上述方程计算下沉量时，由于 h_2 和 ω_2 是相互依存关系，Δh 的直接计算受到限制。

2）有关计算公式[17—21]

（1）在《船舶在航道中的下沉和阻力》一文中[18]，提出了限制性航道梯形断面的下沉计算公式：

$$1 - k = \frac{F_{\text{rh}}^2}{2} \cdot \frac{1+\mu}{1+2\mu} \left\{ \frac{1}{\left[\dfrac{(1+\mu \cdot k) \cdot k}{1+\mu} - S\right]^2} - 1 \right\} \qquad (2\text{-}3\text{-}9)$$

$$k = \frac{h_2}{h_1} \; ; \; F_{\text{rh}}^2 = \frac{V_1^2}{gh_1} \cdot \frac{1+2\mu}{1+\mu} \; ; \; \mu = \frac{mh}{b}$$

式中：k ——无因次形式的水深比，$k = \dfrac{h_2}{h_1}$，h_1、h_2 分别为 1—1 与 2—2 断面的水深（m）；

$\quad$ S ——阻塞比，$S = \dfrac{\omega_c}{\omega}$，即断面系数的倒数；

$\quad$ ω_c ——船舶舯剖面积（m^2）；

$\quad$ ω ——航道断面积（m^2）；

$\quad$ F_{rh} ——水深弗劳德数；

$\quad$ μ ——反映梯形航道特性的无因次数；

$\quad$ m ——边坡系数对于矩形航道，$m = 0$，故 $\mu = 0$；

$\quad$ b ——航道底宽（m）；

$\quad$ h ——航道水深（m）。

（2）在《穿黄渡槽通航性能初步模型试验》报告中[19]，利用平均流理论计算回流流速，计算公式如下：

$$\Delta V^3 + 3V \cdot \Delta V^2 + 2gh \cdot \left(\frac{V^2}{gh} + S - 1\right) \cdot \Delta V + 2gh \cdot S \cdot V = 0 \qquad (2\text{-}3\text{-}10)$$

式中：ΔV ——回流速度（m/s）；

　　　V ——船舶航速（m/s）；

　　　g ——重力加速度（m/s^2）；

　　　h ——航道水深（m）；

　　　S ——阻塞比，$S = \dfrac{\omega_c}{\omega}$，即断面系数的倒数；

　　　ω_c ——船舶舯剖面积（m^2）；

　　　ω ——航道断面积（m^2）。

　　该式为回流速度 ΔV 的三次方关系式，需通过试算，计算回流流速，再用公式（2-3-8）计算下沉量。

　　（3）在《船舶阻力》[7] 一书中，按图 2-3-15，根据能量方程和连续方程，得到航道断面内的流速三次方程式，即：

$$V_2^3 - V_2\left(V_1^2 + 2g\frac{\omega_1 - \omega_c}{b}\right) + 2gV_1 h_1 = 0 \tag{2-3-11}$$

$$V_2 = V_1 + \Delta V \ ; \ \omega_1 = b \cdot h_1 \ ; \ \omega_c = B_c \cdot T_c$$

式中：V_1、V_2 ——分别为 1—1 与 2—2 断面的流速（m/s）；

　　　b ——航道宽度（m）；

　　　B_c ——船舶宽度（m）；

　　　T_c ——船舶吃水（m）。

　　（4）在《狭水道浅水域航行富余水深的确定》一文中[20]，根据实船测量，归纳得狭水道中船舶最大下沉量计算公式为：

$$\Delta T = C_B \times c^{2/3} \times V_k^{2.08} / 30 \tag{2-3-12}$$

式中：ΔT ——船舶航行下沉量（m）；

　　　C_B ——船舶方形系数；

　　　V_k ——航速（kn）；

　　　c ——回流速度系数，$c = \Delta V / V = S/(1-S)$，$\Delta V$ 为回流速度（m/s），S 为阻塞比。

　　（5）Barrass 计算公式

　　Barrass 经过试验研究，提出船舶航行最大下沉量主要由船舶方形系数和航速确定，其计算公式如下：

$$\Delta T = K \times C_B \times V_k^2 / 100 \tag{2-3-13}$$

后来该公式改进为：

$$\Delta T = S^{0.81} \times C_B \times V_k^{2.08} / 20 \tag{2-3-14}$$

式中：ΔT ——船舶下沉量（m）；

　　K ——系数，对于限制性航道 $K = 2$；

　　S ——阻塞比；

　　C_B ——船舶方形系数；

　　V_k ——航速（kn）。

　　式（2-3-13）和式（2-3-14）均可计算非限制性和限制性航道内的船舶航行最大下沉值，改进后的式(2-3-14)的使用范围为水深吃水比 h/T_c 在 1.1～1.4 之间,阻塞比 S 在 0.100～0.250 之间,船舶的方形系数 C_B 在 0.5～0.85 之间,船舶航速 V_k 在 0～20 kn。

（6）Huuska/Guliev 计算公式

$$\Delta T = C_s \frac{\bigtriangledown}{L_c^2} \frac{F_{rh}^2}{\sqrt{1-F_{rh}^2}} K_s \tag{2-3-15}$$

式中：ΔT——船舶下沉量(m)；

C_s——系数,可取 2.4；

$\bigtriangledown$——船舶排水量,$\bigtriangledown = C_B L_c B_c T$,其中,$C_B$ 为船舶方形系数,L_c 为船长(m),B_c 为船宽(m),T_c 为船舶吃水(m)；

F_{rh}——水深弗劳德数,$F_{rh} = V/\sqrt{gh}$,V 为航速(m/s),h 为水深；

K_s——修正系数,对于限制性航道,当阻塞比 $S > 0.03$ 时,$K_s = 7.45S + 0.76$,当 $S \leqslant 0.03$ 时,$K_s = 1.0$。

（7）Yoshimura 计算公式

该公式对限制性、非限制性航道等都适用。

$$\Delta T = \left[\left(0.7 + \frac{1.5 T_c}{h} \right) \left(\frac{B_c C_B}{L_c} \right) + \frac{15 T_c}{h} \left(\frac{B_c C_B}{L_c} \right)^3 \right] \frac{V_e^2}{g} \tag{2-3-16}$$

式中：ΔT——船舶下沉量(m)；

T_c——船舶吃水(m)；

h——航道水深(m)；

B_c——船宽(m)；

C_B——船舶方形系数；

L_c——船长(m)；

V_e——为修正速度,对于限制航道取 $V/(1-S)$,S 为阻塞比,V 为航速(m/s)。

以矩形中间渠道宽 36m,水深 2.5m,1 顶 500t 船队单船航行为例,利用上述公式计算其航行下沉量,结果见表 2-3-10。从中可知：

（1）式(2-3-9)～式(2-3-11)均是建立在平均流概念这一假设条件基础上推导得出的,即将船视为处于静止状态,而航道内的水体在船的一定距离内做匀速运动,其速度和船速相等而方向相反。故该三公式在航速小于或等于 2.5m/s 时,基本上有正确解,当航速为 3.0m/s 时,水流流态与公式推导的假设条件相差较大,已无理论解。

500t 船队航行下沉量各公式计算结果（单位：m）　　　　　　表 2-3-10

渠道尺度	航速(m/s)	式(2-3-9)	式(2-3-10)	式(2-3-11)	式(2-3-12)	式(2-3-13)	式(2-3-14)	式(2-3-15)	式(2-3-16)
渠道宽 36m,水深 2.5m	1.0	0.030	0.029	0.029	0.045	0.067	0.047	0.071	0.065
	1.5	0.076	0.075	0.075	0.105	0.151	0.108	0.163	0.146
	2.0	0.164	0.167	0.167	0.192	0.269	0.197	0.303	0.259
	2.5	0.450	0.461	0.461	0.305	0.420	0.313	0.501	0.404
	3.0	—	—	—	0.445	0.605	0.458	0.783	0.582

（2）从使用的情况来看，式(2-3-9)～式(2-3-11)多应用于计算内河船在限制性航道内的航行下沉量，式(2-3-12)～式(2-3-16)多应用于计算海船在限制性航道内的航行下沉量。从计算的结果来看，当航速小于或等于 2.0m/s 时，式(2-3-9)～式(2-3-11)的计算结果明显小于式(2-3-12)～式(2-3-16)，当航速为 2.5m/s 时，各公式相差不大，式(2-3-15)的计算结果偏大。

3）试验结果分析

表 2-3-11 列出了 1 顶 500t 船队在矩形断面渠道单船和错船航行时的平均回流流速和艉最大下沉量结果；图 2-3-16 和图 2-3-17 为航速、渠道水深、渠道宽度及断面系数与平均回流流速和最大艉下沉量关系；图 2-3-18 为船队单船与错船航行时最大艉下沉量关系图。试验表明：①增大航速，船周回流和船舶下沉量增大；增加渠道水深、渠道宽度或断面系数，船周回流、船舶下沉量将减小；相同断面系数条件下，变化渠道水深和宽度，回流流速、船舶下沉量相差不大，但当航速较大时，断面系数的变化对两者的影响程度增大；②错船航行的艉下沉最大值 ΔT_{c-max} 是单船航行的艉下沉最大值 ΔT_{d-max} 的 1.13～1.32 倍之间，平均约 1.2 倍，即 $\Delta T_{c-max} \approx 1.2\Delta T_{d-max}$，故交错航行时的船舶下沉为最不利情况；③船舶下沉量的试验值与计算值的比较结果见图 2-3-19，相对而言，式(2-3-15)(Huuska 公式)在航速小于 3.0m/s 时最为接近。

矩形渠道 1 顶 500t 船队航行的平均回流和最大艉下沉　　　　表 2-3-11

渠道底宽(m)	渠道水深(m)	单船航行工况的航速(m/s)										等速错船工况的航速(m/s)				
		1.0		1.5		2.0		2.5		3.0		1.0	1.5	2.0	2.5	3.0
		ΔV_{cp} (m/s)	ΔT_{max} (m)	ΔV_{cp} (m/s)	ΔT_{max} (m)	ΔV_{cp} (m/s)	ΔT_{max} (m)	ΔV_{cp} (m/s)	ΔT_{max} (m)	ΔV_{cp} (m/s)	ΔT_{max} (m)	ΔT_{max} (m)	ΔT_{max} (m)	ΔT_{max} (m)	ΔT_{max} (m)	ΔT_{max} (m)
	2.5	0.37	0.14	0.60	0.18	0.89	0.38	—	0.94	—	—	—	—	—	—	—
28	3.0	0.28	0.13	0.51	0.16	0.78	0.30	0.97	0.54	—	1.18	—	—	—	—	—
	3.5	0.21	0.11	0.41	0.14	0.56	0.26	0.68	0.42	—	1.07	—	—	—	—	—
	2.5	0.36	0.13	0.59	0.15	0.88	0.29	—	0.80	—	1.23	0.14	0.20	0.39	0.90	—
32	3.0	0.22	0.11	0.35	0.13	0.53	0.26	0.85	0.43	—	1.08	0.13	0.14	0.32	0.58	1.39
	3.5	0.18	0.08	0.28	0.12	0.42	0.19	0.63	0.30	—	0.47	0.12	0.16	0.26	0.38	0.78
	2.5	0.30	0.12	0.55	0.15	0.80	0.26	—	0.50	—	1.14	0.13	0.20	0.32	0.80	—
36	3.0	0.19	0.09	0.30	0.13	0.49	0.20	0.73	0.35	—	0.64	0.12	0.16	0.27	0.42	0.94
	3.5	0.17	0.07	0.27	0.11	0.35	0.16	0.55	0.24	—	0.33	0.12	0.14	0.19	0.33	0.56
	2.0	0.37	0.10	0.61	0.16	0.87	0.41	—	—	—	—	0.13	0.19	—	—	—
40	2.5	0.24	0.10	0.42	0.14	0.61	0.22	—	0.41	—	0.74	0.12	0.17	0.28	0.58	0.88
	3.0	0.18	0.07	0.24	0.11	0.38	0.17	0.56	0.28	—	0.35	0.12	0.14	0.22	0.37	0.68

注：ΔV_{cp}-左侧＋船底＋右侧回流流速的平均值；ΔT_{max}-船舶最大艉下沉量；"—"表示未测量，即在水深较浅而航速较大时，易触底导致仪器损坏而未测量；渠道底宽为 28m 条件下未进行 500t 船队等速错船试验。

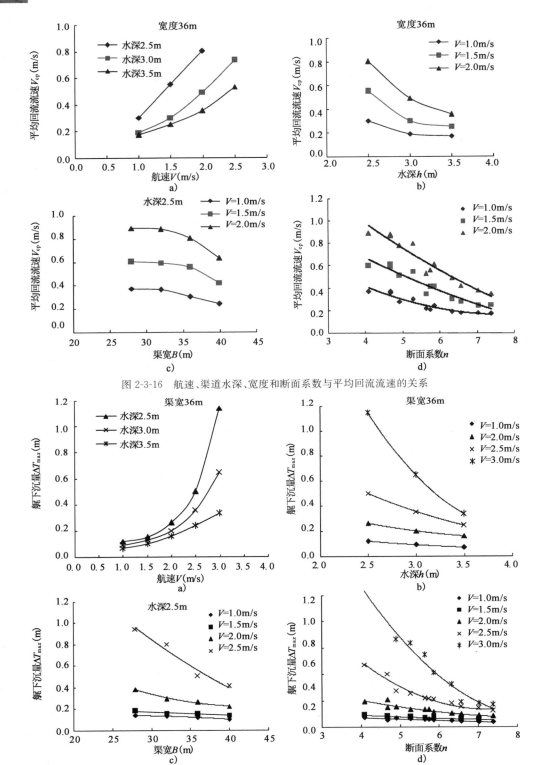

图 2-3-16　航速、渠道水深、宽度和断面系数与平均回流流速的关系

图 2-3-17　航速、渠道水深、宽度和断面系数与舯最大下沉量的关系

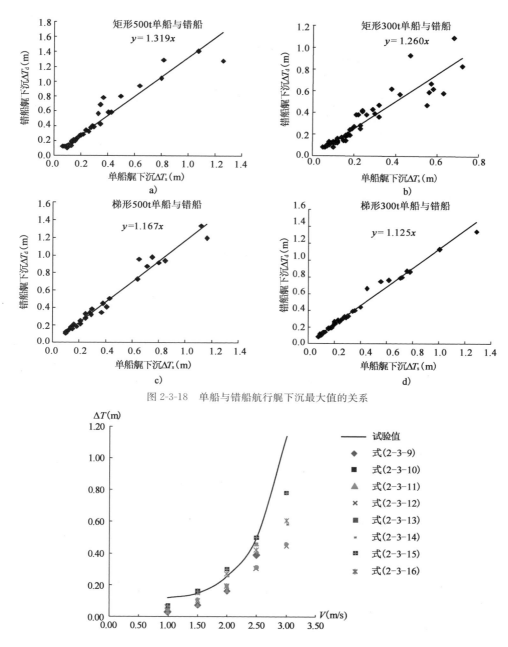

图 2-3-18 单船与错船航行艉下沉最大值的关系

图 2-3-19 船舶艉下沉量的试验值与计算值比较

3.2.6 航行阻力

船舶航行阻力是确定限制性航道尺度的重要指标之一,它随航速的变化而变化,因此,合理的渠道断面系数也应随着航速的变化而变化。表 2-3-12 为矩形中间渠道内 1 顶 500t 船队单船航行的航行阻力,图 2-3-20 为不同航速时渠道断面系数与航行阻力的关系。

研究表明:①相同航速时,断面系数小,航行阻力大,船舶所需的有效动力大,如果船舶动力增大造成运营成本过高时,可增大断面系数来减小动力要求;②同一渠道断面,阻力随航速增大而增大,渠道断面系数大,有利于提高航速,但当达到一定航速时,即使再增大动力,航速提高的效果将不显著;③相同断面系数条件下,不同水深和宽度时航行阻力有些不同,但变化不大,水深者阻力较小。

矩形中间渠道内 500t 船队单船航行的航行阻力(单位:kN) 表 2-3-12

渠道底宽 (m)	渠道水深 (m)	断面系数	航 速(m/s)				
			1.0	1.5	2.0	2.5	3.0
28	2.5	4.10	16.0	35.2	64.8	188.0	—
	3.0	4.92	15.2	27.1	48.0	89.6	295.6
	3.5	5.74	9.6	18.7	33.6	84.8	157.3
32	2.5	4.69	14.0	25.4	51.2	122.7	305.8
	3.0	5.63	10.4	15.4	33.8	79.0	180.0
	3.5	6.57	8.2	14.8	22.9	54.4	81.6
36	2.5	5.28	11.8	22.8	41.0	90.4	288.0
	3.0	6.33	7.4	13.6	22.4	55.5	96.0
	3.5	7.39	6.4	11.2	17.6	34.4	49.6
40	2.0	4.69	15.5	27.2	60.0	—	—
	2.5	5.86	8.8	14.4	32.8	70.2	148.0
	3.0	7.03	6.5	14.6	21.6	45.6	74.4

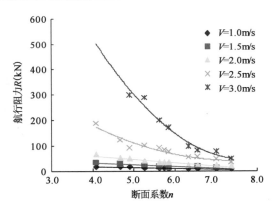

图 2-3-20 断面系数与航行阻力的关系

3.2.7 船舶(队)在中间渠道的航态

在中间渠道中,当航速小于或等于 1.5m/s 时,船舶(队)沿边、中航线能保持直线航行;当航速为 2.0m/s 时,因渠道的狭道效应对船舶(队)航态产生影响,通过操舵,船舶(队)仍能沿航线航行;当航速再增加并使船尾产生横波时,就难以保证船舶(队)的航向。

在中间渠道中,两个船舶(队)以航速 1.0m/s 等速会船时的相互影响较小;当会船航速大于或等于 1.5m/s 时,相互影响增大,表现为船首偏向渠道中心线,船尾偏向渠岸,船吸现象虽不明显,而易产生船尾岸吸;当渠道断面系数小于 6 时,相互影响更明显,如渠道富裕宽度不足,船尾容易扫渠岸壁;当航速增大并使船尾产生横波时,会船就十分危险,应予避免。相同底宽的矩形和梯形(边坡 1:1)渠道,船舶(队)等速会船航行漂角的试验值相差不大,渠道水深为 2.5m,不同航速下的会船漂角试验值见表 2-3-13。

会 船 航 行 漂 角　　　　　　　　　　　　　表 2-3-13

船　　　型	渠道底宽(m)	航　　　速(m/s)			
		1.0	1.5	2.0	2.5
1 顶 500t 船队	36	0～1°	0°～2°	2°～3°	3°～5°
	40				
1 顶 300t 船队	32	0～1°	0°～2°	2°～3°	3°～5°
	36				

注:表中为矩形与梯形断面两种形式统计得来。

3.3　双线中间渠道尺度分析及参考尺度

3.3.1　中间渠道的特点分析

(1)船型

中间渠道通航船型为天然和渠化河流上的船型,相同等级的航道,其船型在尺度上与《内河通航标准》(GB 50139—2004)[22]中限制性航道的船型不同,航行在Ⅳ级和Ⅴ级天然和渠化河流上的船型较限制性航道中的船型要宽,但吃水要小(表 2-3-14)。

两 种 船 型 尺 度　　　　　　　　　　　　　表 2-3-14

等　　　级	船　　　型	对　　　象	长(m)	宽(m)	吃水(m)
Ⅳ级	500t 驳船	天然和渠化河流船型	45.0	10.8	1.6
		Ⅳ级限制性航道船型	42.0	9.2	1.9
Ⅴ级	300t 驳船	天然和渠化河流船型	35.0	9.2	1.3
		Ⅴ级限制性航道船型	30.0	8.0	1.9

注:表中仅列 500t 和 300t 两种驳船以说明。

(2)渠道长度和航速

①按《船闸总体设计规范》(JTJ 305—2001)[23]取导航段、调顺段和停泊段的长度分别为 $1.0L_c$、$1.5L_c$ 和 $1.0L_c$(L_c 为船队长度),当上下停泊段相距(1～3)倍的船长时,则渠道总长为(8～10)倍的船长,即 500～700m。对于在该长度以内的中间渠道,船舶(队)航速为进出中间渠道时的航速(一般小于或等于 0.7m/s),航行条件不应按航道要求,此时渠道断面尺度和错船富裕宽度均可较小,考虑到安全度,岸距和船间距各取 2.0m,则Ⅳ级 500t 中间渠道的宽度取为 2×10.8+6=27.6m≈28m;Ⅴ级 300t 中间渠道的宽度取为 2×9.2+6=24.4m≈25m。

②当中间渠道长度较长,要求船舶(队)的航速为 1.51～3.0m/s(5.4～10.8km/h)时,这已达到目前国内运河中货驳的航速[16],因此航行条件与《内河通航标准》中的限制性航道的要

求相同,该航速条件下的中间渠道尺度也应与《内河通航标准》中的相同。

③当中间渠道长度在介于上述两种情况之间,航速要求通常不大于 1.5m/s(如龙滩升船机中间渠道),此时由于航速较低,中间渠道内的航行条件和尺度要求介于上述两种情况之间。

可见,确定中间渠道的尺度应按船舶(队)的航速要求进行分类(表 2-3-15),而不应简单的采用同一种尺度。

中间渠道的航行条件分类

表 2-3-15

类　　别	航速(m/s)	特　　点	渠道长度	工程实例
A	$V > 1.5 \sim 3.0$	内河通航标准中限制性航道航行条件	一般 ≥ 2000m	百色中间渠道
B	$V \le 1.5$	航行条件要求介于 A 和 C 类之间	一般 700～2000m	龙滩中间渠道
C	$V \le 0.7$	船舶进出中间渠道的交错航行条件	一般 ≤ 700m	双牌过船段渠道

3.3.2　中间渠道尺度的参考尺度计算分析[24-25]

(1)宽度分析

在《内河通航标准》中,给出了天然及渠化河流航道宽度计算公式,当上、下行船舶(队)的尺度相同时,直线段双线航道宽度的计算公式可简化为:

$$B_2 = 2B_F + 2d + C \qquad (2\text{-}3\text{-}17)$$
$$B_F = B_c + L_c \sin\beta$$

式中:B_2——直线段单线航道宽度(m);

B_F——船舶(队)航迹带宽度(m);

B_c——船舶(队)宽度(m);

L_c——船舶(队)长度(m);

d——船舶(队)至航道边缘的安全距离(m);

C——船舶(队)会船时安全距离(m);

β——船舶(队)航行漂角(°),对于 Ⅰ～Ⅴ 级航道取 3°,Ⅵ、Ⅶ 级航道取 2°。

《内河通航标准》中没有给出限制航道宽度计算公式,但给出了强制性条文及对限制航道断面系数的规定,与天然及渠化河流中的 Ⅲ 级航道比较,相同的船队尺度(160m×10.8m×2.0m,长×宽×吃水)条件下,限制性航道宽度和天然及渠化河流航道的宽度分别为 45m和 60m,前者的宽度比后者小了 25%,这主要是因为限制性航道中的水流和会让时的航行条件较好,且航速较低,因此,如用式(2-3-17)来计算限制性航道宽度时,航行漂角和安全距离应适当地减小,对于 B 类中间渠道,因船舶(队)在渠道中的航速又小于《内河通航标准》中的限制性航道,故还可再适当地减小航行漂角和安全距离。

根据 1 顶 500t 和 1 顶 300t 船队的试验结果和上述分析,将式(2-3-17)中计算参数加以修正后,用以计算 B 类中间渠道的宽度时,对于 Ⅳ、Ⅴ 级航道漂角(β)取 1.5°,安全距离(d)取 0.17倍船舶(队)的航迹带宽度,安全距离(C)取 0.34 倍的航迹带宽度,从而得到 Ⅳ 级中间渠道(B 类)的渠宽应大于或等于 34m,Ⅴ 级中间渠道(B 类)的渠宽应大于或等于 32m。

(2)水深分析

在《内河通航标准》中,天然和渠化河流航道中水深的计算式为:

$$h = T + \Delta h \tag{2-3-18}$$

式中：T——船舶吃水(m)；

　　　Δh——富裕水深(m)。

影响富裕水深的因素有船舶航行下沉量 Δh_1、波浪引起的船舶摇荡、航道淤积、船舶编队引起的吃水增(减)值、施工预留超深和避免船舶触底的安全富裕量 Δh_2。对于天然及渠化河流，航道富裕水深着重考虑船舶航行下沉量 Δh_1 及触底安全富裕量 Δh_2 两项。对于中间渠道，还需再加上通航建筑物运行(如船闸灌、泄水)引起的水深变化 Δh_3；如果船舶航行速度较大时，还应考虑船行波引起的水面波动 Δh_4。因此，中间渠道的富裕水深 Δh 可用下式计算：

$$\Delta h = \Delta h_1 + \Delta h_2 + \Delta h_3 + \Delta h_4 \tag{2-3-19}$$

式中：Δh_1——船舶(队)航行下沉量(m)；

　　　Δh_2——触底安全富裕量(m)；

　　　Δh_3——通航建筑物运行引起的水深变化(m)；

　　　Δh_4——船行波引起的水面波动(m)。

①船舶(队)航行下沉量 Δh_1

根据试验结果，在双线渠道宽36m，水深2.2m条件下，1顶500t船队以1.5m/s航速等速会让，最大下沉量 Δh_1 为0.28m；双线渠道宽32m，水深1.8m条件下，300t船队以1.5m/s航速等速会让，最大下沉量 Δh_1 为0.25m。

②触底安全富裕量 Δh_2

根据文献[16]，考虑卵石和岩石质河床，对于Ⅳ、Ⅴ级航道取 $\Delta h_2 = 0.25 \sim 0.35$m。考虑到在水深计算时已计入了船舶航行下沉量，故触底安全富裕量 Δh_2 可取下限，对于Ⅳ、Ⅴ级航道取 $\Delta h_2 = 0.25$m。

③通航建筑物运行引起的水深变化 Δh_3

对于船厢不入水的升船机设中间渠道方案，可不考虑通航建筑物运行引起的水深变化，即取 $\Delta h_3 = 0$。

④船行波引起的水面波动 Δh_4

船行波引起的水面波动 Δh_4，主要与船的航速有关，并可用下式计算：

$$\Delta h_4 = 0.3 H' - \Delta h_2 \tag{2-3-20}$$

式中：H'——渠道内的最大波高(m)；

　　　Δh_2——触底安全富裕量(m)。

当式(2-3-20)计算得出的 Δh_4 为负值时，则取 $\Delta h_4 = 0$，此时表明航速较小时，可不考虑船行波的影响。对于表2-3-15中Ⅳ级和Ⅴ级B类中间渠道，当航速小于或等于1.5m/s时，计算出 Δh_4 为负值，故 Δh_4 可取为0。

综上分析，计算得到Ⅳ级中间渠道的水深为2.13m，Ⅴ级中间渠道水深为1.80m。

3.3.3　中间渠道参考尺度

经以上分析，并结合国内外有关限制性航道通航条件的科研成果和工程经验，提出Ⅳ、Ⅴ级中间渠道(A、B、C三类)的参考尺度(为最小尺度要求)见表2-3-16，该表中底宽和水深与《内河通航标准》中定义一致，渠道的尺度不再将矩形和梯形两种情况分别考虑，相同底宽时，梯形断面要优于矩形断面。

Ⅳ、Ⅴ级中间渠道参考尺度　　　　　表 2-3-16

等级	类别	航速(m/s)	断面系数	中间渠道最小尺度			渠道长度 L(m)
				直线段双线底宽 B(m)	水深 h(m)	水深吃水比 h/T	
Ⅳ级	A	$V>1.5\sim3.0$	$n\geqslant6$	$B=40$	2.5	1.56	一般≥2000m
	B	$V\leqslant1.5$	$n\geqslant4.5$	$B=36$	2.2	1.38	一般700m～2000m
	C	$V\leqslant0.7$	$n\geqslant3.6$	$B=28$	2.2	1.38	一般≤700m
Ⅴ级	A	$V>1.5\sim3.0$	$n\geqslant6$	$B=36$	2.0	1.54	一般≥2000m
	B	$V\leqslant1.5$	$n\geqslant4.5$	$B=32$	1.8	1.38	一般700m～2000m
	C	$V\leqslant0.7$	$n\geqslant3.6$	$B=25$	1.8	1.38	一般≤700m

　　表 2-3-17 列出了各国限制性航道尺度的有关规定。从中可以看出,对于中间渠道 A 类,均基本满足各序列中的要求,B 类则基本满足序列 4、6、7、8、9、10 中的规定情况,C 类情况由于比较特殊,其航速较小,不能和各序列的规定比较(由于各国的船型及其操纵性不同,不可生搬硬套,分析仅供参考)。

各国有关限制性航道尺度确定的基本情况　　　　　表 2-3-17

序列	来　　源	尺度确定的基本情况
1	《内河通航标准》(GB 50139—2004)	Ⅳ级航道,直线段双线底宽40m,$n\geqslant6$,水深 2.5m,Ⅴ级航道,直线段双线底宽35m,$n\geqslant6$,水深 2.5m,以正常航速交会,航速约 7～8km/h(1.9～2.2m/s)
2	《内河引航技术》(范晓飚主编,人民交通出版社,2003)	运河与渠道:$n\geqslant6\sim7$,$h/T_c=1.5\sim1.6$,$B=(2.6\sim2.8)B_F$
3	《渠化工程学》(蔡志长主编,人民交通出版社,第 4 篇　运河工程)	$B=2B_F+2d+c=44.6\sim46.94$,$d$ 取 $0.2B_c+1.2m=3.36m$,c 取 $0.7B_c+4m=11.56m$
4	苏联 1962 年《建筑法规河道水工建筑物设计准则》有关通航运河的规定	运河河宽双线应不小于 $2.6B_c$,单线宽应不小于 $1.5B_c$,在最低通航水位时Ⅰ级水道 $n\geqslant4.0$,Ⅱ级水道 $n\geqslant3.5$,Ⅲ级水道 $n\geqslant3.0$
5	美国有关运河尺度	无明确的规定,水深×宽度大致分 4 类:1.83m×27m,2.74m×38m,3.66 m×(38～45)m,4.88m×61m,其水深吃水比 $h/T_c=1.3\sim1.5$,断面系数 n 为 6～7
6	美国陆军工程兵团	$3<L_c/(B-B_c)<4$ 或 $B=3.0B_c$
7	西德规范中有关引航道宽度的规定	$(3.0\sim3.58)B_c=32.4\sim38.7$
8	东德《关于通航运河断面尺度的探讨》	$B=3.0B_c$
9	第 24 届国际航运会议论文集法国报告	$B>(3.1\sim3.3)B_s$
10	《内陆通航运河设计指南》(荷兰 Delft 水工所编,闵朝斌、俞颖等译,1991)	运河窄横断面(600t 船舶):$n=5$,$B/B_s=3.03$,$H/T_c=1.32$,最大航速 $V_{max}=2.06m/s$,可小心对驶

　　注:表中 n-断面系数;h-渠道水深(m);B-渠道水面宽(m);T_c-船舶吃水(m);B_F-航迹带宽度(m);B_c-船舶(队)最大宽度(m);L_c-船舶(队)长度(m);d-为船舷岸距(m);c-船间距(m)。

3.4　升船机船厢出入水中间渠道内水力特性试验[9,26]

升船机按船厢是否入水分为入水式和不入水式两种。我国所建的升船机,大部分为不入水式,但也有入水式,如红水河岩滩1×250t升船机[27]。入水式升船机主要适用于水位变幅和变率大的情况,如岩滩水电站下游通航水位差8.1m,此时采用入水式和不入水式相比,入水式土建结构要简单、开挖量减小、塔柱低、工程量及施工难度小,但主机传动载荷大,所需提升力大,调速设备较复杂,船厢入水产生的非恒定流对通航产生影响。当升船机下游为中间渠道时,因渠道水位变幅很小,采用入水式升船机的工程上极少,作为升船机中间渠道系列试验内容中的一部分,对该项试验内容进行了简化。试验在龙滩中间渠道模型的基础上修改完成的,研究了船厢不同出、入水速度条件下,中间渠道不同尺度与水力特性关系及对通航水流条件的影响。

3.4.1　试验参数

试验参数主要根据龙滩水利枢纽升船机设计方案和已运营的岩滩水利枢纽升船机工程[27]参考得来。

(1)船厢和船厢池的尺度

选用进出500t船舶的入水船厢,有效尺度:70×12m(长×宽),外形尺寸为:80×16×5m(长×宽×高)。船厢结构呈长凹槽形,由主纵、横梁形成梁格体系,同时主、横梁腹板分别设有若干个补(排)气孔,以消除因船厢出入水而产生的部分浮力和下吸力。

船厢池长81m,宽18m,船厢外壁距厢池内侧间距为3.0m,端部间距为1.0m。闸首长17.0m。船厢池底高程为306.0m,中间渠道底高程309.0m,坡度为1∶3。

(2)船厢出入水速度

岩滩升船机船厢在水中的运行速度为0.03m/s,运行加速度为0.01m/s²,本次试验选择船厢出入水在水中为匀速升降,速度分别为:0.02m/s、0.03m/s、0.04m/s、0.05m/s。模型中船厢由零加速到所需要的匀速度的时间很短,为0.45~1.1s,模型中未精确模拟。

(3)中间渠道尺度和船型

渠道长度选用龙滩中间渠道(带弯道)1034m和600m的直线渠道两种(图2-3-21),渠道断面为矩形,水深选用2.5m、3.2m、4.0m;宽度选用28m、32m、36m。试验船型为1顶500t船队。

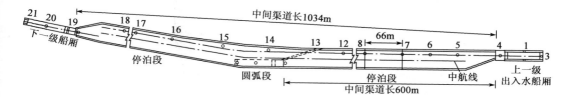

图2-3-21　中间渠道平面示意图及水位测点布置

3.4.2　模型设计与制作

由于不研究船厢本身的水动力学和对卷扬钢丝绳的动态响应,因此模型设计对于机械系统和船厢结构进行了概化。模型比尺1∶20,按重力相似准则设计,中间渠道物理模型和船模均采用龙滩的模型,船厢出入水的模型布置如图2-3-22所示。

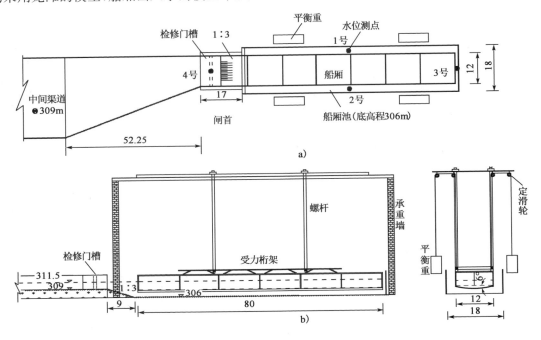

图 2-3-22　船厢出入水模型布置图(图中尺寸为原型值,单位:m)

(1)船厢和船厢池的制作

船厢用1cm的塑料板制作,呈长凹槽形,用30mm×30mm角钢加固,并在船厢顶设置受力桁架,防止船厢悬吊时变形。船厢池的一立面用1cm有机玻璃板制作,供试验时观察船厢池室内的水流流态,其余侧面和底部用1cm塑料板制作。

(2)船厢升、降动力系统

船厢通过4个竖直丝杆与伞齿轮相接,电机转轴带动伞齿轮从而使船厢上下运动。试验采用交流调频电机,可以率定不同出入水速度时的电机转速。

3.4.3　量测内容

测量了船厢池和渠道内沿程水位波动,渠道内各测点间距约为66m,见图2-3-21和图2-3-22;测量了上闸首、渠道中部和上、下停泊段位置的流速;测量了上、下停泊段船队系缆力的纵横向分力(上、下停泊段位置分别距上、下闸首2.5倍船长)。

3.4.4　试验成果及分析

1)船厢出入水时的水力变化过程

依据闸首处4号测点位置的水位和流速过程线,可计算得到船厢出、入水时的流量变化过程,图2-3-23为渠道水深2.5m,船厢出、入水速度为0.04m/s时的水位、流速和流量变化过程线,从中可知:

①船厢入水时,上闸首处的水位涌高,水流流向渠道内(流速、流量设为正值),此时上闸首处流速和流量均迅速增大,到最大值时,能保持一段时间的稳定;当船厢停止后,流速和流量减小到零,而闸首处水位则随渠道内的水位而变化。船厢出水与入水情况相反,由于船厢出水后,渠道增加了一个船厢池的长度,此时上闸首和厢池内的流速和流量受水体惯性影响,也随渠道内的水位呈周期性波动。

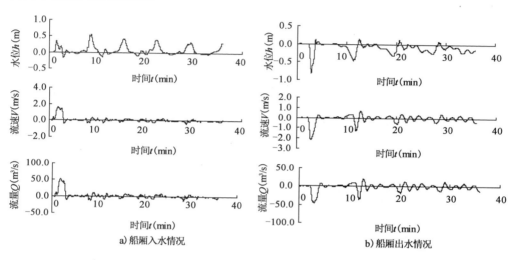

图 2-3-23　闸首处的水位、流速与流量过程线

②船厢入水时,上闸首处的最大水位涌高不发生在入水的过程中,而是在波流传播回来后遇船厢前壁反射后的波动叠加;船厢出水时,闸首处的最大水位降低发生在出水过程中;当出、入水速度增大时,在上闸首处产生的水位、流速、流量和流量增率也增大(表2-3-18)。

船厢出、入水时闸首处的水力要素　　　　　　　　　　　表 2-3-18

出入水速度 (m/s)	水位涌高/降低 (m)	最大流速 (m/s)	最大流量 (m³/s)	流量增率 (m³/s⁻²)
入水 0.03	+0.29	1.37	44.5	0.89
出水 0.03	−0.79	1.40	35	0.83
入水 0.04	+0.37	1.60	52.0	1.14
出水 0.04	−0.84	2.10	45.2	1.09

2)中间渠道内波动形态及水力特性分析

船厢出入水,船厢池和渠道内的静水受到扰动,当船厢入水时,池内水体主要从厢底涌入渠道,形成一个高于原水面的浅水长波向前推进,遇渠道端部边壁反射,反方向继续传播;当船厢出水时,渠道内的水体流入厢池,在渠道内形成落水波,当船厢完全出水后,涌入船厢池的水位涌高,遇到厢池端壁反射后,波动形态向涨水波转化。船厢出、入水在中间渠道所产生的水体运动与船闸灌泄水在中间渠道内产生的水体运动类似,本质上同属于明渠非恒定流,这种波动具有传递流量的性质,波动所及之处,引起流量和水位的改变,其水力要素是时间和流程的函数。图 2-3-24 为渠道长度 1034m,水深 2.5m,入水速度 0.03m/s 时,渠道中部的定点流速和水位过程线。船厢出入水,在中间渠道产生的浅水长波,具有如下特点。

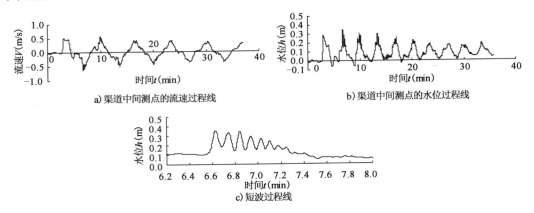

图 2-3-24　渠道中间处流速和水位时间过程线

(1)具有引航道性质的水力特性

船厢入(出)水,在中间渠道内产生推进的涨水波(落水波),与船闸灌泄水在引航道内产生的波动在尚未反射之前一致,因此,具有引航道的水力特性,此时涌浪高度 H_p 是与其流量 Q 呈正比的,可用下式估算:

$$H_p = Q/(C \cdot B_n) \tag{2-3-21}$$

当波高很小时:

$$C = (g \cdot h)^{1/2} \pm V \tag{2-3-22}$$

当水流速度也很小时:

$$C = (g \cdot h)^{1/2} \tag{2-3-23}$$

式中:H_p——推进波波高(m);

Q——流量(m³/s);

B_n——渠道水面宽度(m);

C——波浪传递速度(m/s);

g——重力加速度(m/s²);

h——渠道水深(m);

V——渠道中水流速度(m/s)。

(2)具有闸室集中输水的水力特性

当中间渠道较短时,船厢出、入水产生的波动在渠道内来回反射,相互间叠加或消减,频率较快,如同船闸集中输水时波浪在闸室内往复反射和叠加一样,因此具有闸室集中输水的水力特性。

(3)振荡波特性

当船厢制动后,受惯性影响,波流在渠道内继续传播,遇渠道端部反射、叠加后向反方向传播,渠道内的水面呈周期性的上升和下降运动[图 2-3-24b)],最后在渠道内形成以中部为节点的振荡波,这种长周期的波动,衰退较慢。

（4）短波现象

船厢出入水，中间渠道产生浅水长波的同时，在某种条件下也有短波现象。将图2-3-24b)中的6.2~8min时间段水位变化放大，可看出短波现象，如图2-3-24c)和图2-3-25所示。当渠道内水深变浅或船厢出、入水速度增加，短波更加明显。短波的产生有一个发展、形成、衰减直至消失的过程，通常在推进波遇渠道端壁反射后发展形成，由4~6个波组成，短波的衰减也较快，一般在渠道中3~4个来回后基本消失，只剩下振荡波在渠道内来回运动，直至消减。

a)　　　　　　　　　　　　　　　b)

图2-3-25　中间渠道内的短波

分析短波产生的主要原因是在水波前进的过程中，由于表面速度大于底部速度，波前逐渐变陡，当比降达到限值时，波面分离，就会出现数个短波，短波通常发生在涨水波的传播过程中，当涨水波波高越大，出现的短波越明显；当涨水波波高变小，短波也逐渐衰减。试验表明，当涨水波波前水面大于1.7‰开始出现短波。对于船厢入水，产生推进的涨水波，遇渠道下端部边壁反射，涨水波波高增加，会发生短波现象；对于船厢出水，落水波遇厢池端部后反射，波动形态向涨水波转化，也会出现短波现象。短波的周期为2.5~5.0s，最大波高为0.2~0.4m，短波产生的局部比降较大，停泊船队随之产生较大纵摇，船舶系缆力增大。

3）中间渠道内水力要素的变化规律

表2-3-19为不同试验工况条件下，渠道内的波高、流速和系缆力情况。图2-3-26所示为渠道长度1034m，水深2.5m、宽度32m时，不同出、入水速度下的波高、流速和系缆力变化规律。试验表明：

①中间渠道最大波高发生在渠道上下端部[图2-3-26a)]；最大流速发生在闸首处，上、下停泊段位置的流速相差不大，中间处的流速较停泊段略小[图2-3-26b)]；相同出入水速度条件下，上、下停泊段的系缆力相差不大[图2-3-26c)]；随着出、入水速度的增大，进入渠道的最大流量和流量增率也增大，长波坡面变陡，比降增大，渠道内波高、流速和系缆力随之增大。

②比降时间过程线与系缆力过程线有较好的对应关系[图2-3-26d)]，说明船队受到的最大纵向力主要为比降力。由于渠道两端与船厢池闸首渐变相连，停泊船舶（队）仍然受到横向力的作用，其大小虽然比纵向力小，但水深较浅，船厢出入水速度较大时，横向力也会超标，增加渠道水深和宽度，可以降低渠道中的水力要素和系缆力，从而改善对船舶（队）通航的影响。

船厢出入水渠道内波高、流速和系缆力情况 表 2-3-19

渠道长度（m）	渠道宽度（m）	渠道水深（m）	出入水速度（m/s）	最大波高（m）		最大流速（m）		最大系缆力（kN）	
				端部	停泊处	闸首处	停泊处	纵向	横向
1034	32	2.5	0.02	0.63	0.36	0.41	0.38	26.70	5.80
			0.03	1.13	0.53	0.91	0.55	54.00	16.60
			0.04	1.30	0.70	1.04	0.64	72.40	21.40
		3.2	0.02	0.61	0.33	0.38	0.27	19.63	5.65
			0.03	1.05	0.51	0.56	0.46	40.80	10.20
			0.04	1.27	0.66	0.79	0.60	67.15	19.70
		4.0	0.02	0.50	0.28	0.28	0.24	17.65	7.70
			0.03	0.88	0.44	0.50	0.32	37.10	6.10
			0.04	1.25	0.62	0.55	0.46	56.95	15.25
600	32	2.5	0.02	0.66	0.32	0.60	0.38	23.95	6.75
			0.03	1.11	0.50	1.03	0.60	46.90	8.95
			0.04	1.60	0.64	1.06	0.73	56.05	15.60
	28	2.5	0.03	1.09	0.57	1.12	0.70	54.40	10.08
			0.04	1.65	0.80	1.63	0.91	60.05	17.30
	36	2.5	0.03	0.97	0.45	1.01	0.57	41.70	8.23
			0.04	1.52	0.50	1.05	0.70	49.30	13.10

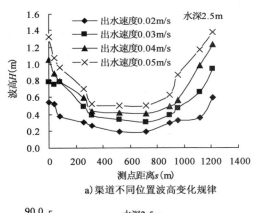

a) 渠道不同位置波高变化规律

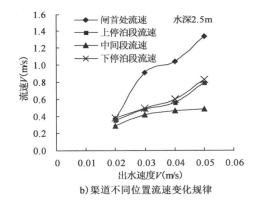

b) 渠道不同位置流速变化规律

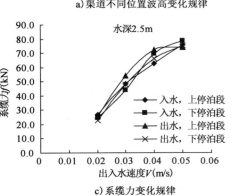

c) 系缆力变化规律

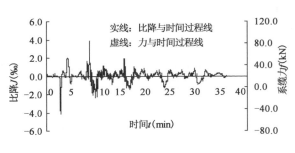

d) 停泊段比降与系缆力的对应关系

图 2-3-26 船厢出入水渠道内水力特性变化规律

4)船厢出入水,中间渠道内通航条件分析

中间渠道内通航标准可参考引航道,根据有关文献,暂做如下规定:①渠道内波高≤0.6m[28];②渠道内停泊段的最大流速≤0.8～1.0m/s[8];③500t船队系缆力纵向水平分力≤25kN,横向水平分力≤13kN[8];④渠道内通航水深应≥2.5m[22]。

据此分析船厢出、入水对通航的影响(表2-3-19):①波高情况,渠道水深2.5～4.0m,当船厢出、入水速度为0.02m/s时,渠道端部最大波高0.63m,基本满足要求,速度大于或等于0.03m/s时,渠道端部波高超标,对船厢和厢门的高度及结构设计构成影响,同时振荡波的来回反射传播,对船舶进出船厢也有一定影响;②流速情况,当船厢出、入水速度小于或等于0.05m/s,停泊段的流速均在1.0m/s以内,满足要求;③系缆力情况,当船厢出、入水速度小于或等于0.02m/s时,纵向系缆力基本满足500t船舶(队)停泊要求,当船厢出入水的速度大于或等于0.03m/s,纵向系缆力均超标;④水深的要求,船厢出、入水在中间渠道内产生往复波流,当水位降低时,会造成船舶触底。因此渠道水深的计算除考虑船舶吃水和富裕水深外,还应考虑船厢出、入水造成的水位降低,可取波高的一半。

3.4.5　结语

①船厢出、入水中间渠道内的水力特性属于浅水长波,在其未反射之前具有引航道的水力特性;当长度较小时,波动来回反射时,具有船闸集中输水时闸室的水力特性;同时还具有中间渠道振荡波特性;浅水长波在传播的过程中,在某一时间段也伴随短波现象;②船厢出、入水速度、渠道宽度和水深的变化,对中间内渠道水力要素和船舶系缆力均产生较大影响,出、入水速度降低,渠道宽度和水深增大,对渠道内的水力条件和船舶航行条件均有较大改善;③渠道水深的计算除考虑船舶吃水和富裕水深外,还应考虑船厢出、入水造成的水位降低,可取波高的一半;④鉴于船厢出、入水方案给升降机械、电器和安全等方面带来更高的技术要求,并使得中间渠道通航水流条件恶化,因此当升船机下游为中间渠道时,因渠道水深小,水位基本很小,不应采用船厢出入水方案。

3.5　构皮滩升船机中间渠道通航隧洞和渡槽的通航条件试验研究[29-30]

3.5.1　工程概况

构皮滩水利枢纽位于贵州省余庆县境内,是乌江干流梯级开发的控制性工程。工程以发电为主,兼顾航运、防洪等综合利用。通航建筑物布置在枢纽左岸,由上、下游引航道和三级垂直升船机带两级中间渠道组成,线路总长2181.7m,设计通航500t级船舶。

枢纽上游最高通航水位630.0m(水库正常蓄水位),最低通航水位为585.0m(死水位)。第一级升船机布置在左坝肩高耸山体上游坡前沿,为适应库水位变幅,避免修建高大挡水建筑物,承船厢入水,逆向运行,最大逆向提升高度52.0m。第一级升船机下游为第一级中间渠道,采用通航隧洞穿过山体。

第一级中间渠道通航水位为 637.0m,底高程 634.0m,通航水深 3.0m,由通航隧洞、渡槽和明渠组成,总长 979.6m。渠道断面为矩形,上游段 1 号渡槽、1 号明渠和通航隧洞为单线渠道,宽 12.0m,总长 475.2m,下游段 3 号渡槽中长 170m 为单线渠道,宽 12.0m,中间布置错船段,长 334.4m,宽 37.8 m。错船段与上游单线渠道段采用圆弧连接,与下游单线渠道段采用直角阶梯形连接。通航隧洞长 335.0m,隧洞进口设有 12.0m 长的挡水闸首,闸首布置有一道平板闸门(图 2-3-27)。

第二级升船机采用全平衡式,最大提升高度 127.0 m。第二级中间渠道由通航明渠和渡槽组成(图 2-3-28),通航水位 510.0 m,底高程 507.0 m,通航水深 3.0 m,总长 386.4 m。明渠段(错船段)宽 38.0 m,长 284.4m,渡槽段宽 12.0~29.2 m,长 102m。错船段与第二级升船机下闸首采用圆弧连接,与第三级升船机上闸首采用直角阶梯形连接。

第三级升船机布置在马鞍山左侧拦河槽出口处,船厢入水,以适应下游水位变幅,下游最高、最低通航水位分别为 445.82 m 和 431.0 m,升船机最大提升高度 79.0 m。

三级承船厢有效水域尺寸均为 59.0m×11.7m×2.5m(长×宽×水深),外形尺寸的长和宽均为 71.0m 和 16.0m,承船厢两端均各设一扇卧倒式工作门。

三级升船机运行时,上游引航道及第一级中间渠道上、下行船舶均按直线进闸、曲线出闸的方式运行;第二级中间渠道,下行船舶按直线进闸、直线出闸运行,上行船舶按曲线进闸、曲线出闸运行;下游引航道船舶按曲线进闸、直线出闸方式运行。

3.5.2 试验目的和内容

构皮滩中间渠道考虑双向过船。第一级中间渠道中单线通航段的断面系数仅为 2.08,为确保船舶在中间渠道内的航行安全,进行以下试验:①观测船舶在渠道中的航行阻力、航行下沉量以及水位波动;②观测错船段船舶航行与停泊条件;③优化单线通航段和错船段的连接方式;④进行单线通航段不同尺度试验,提出合理的单线通航渠道尺度和航速限制条件。

3.5.3 模型试验概况

水工模型为定床正态,比尺为 1:20,按重力相似准则设计,由刨光瓷砖和塑料板制作,其糙率 $n=0.007\sim0.009$,原体渠道为混凝土建造,糙率为 0.013,$n_m=n_p/(\lambda_L)^{1/6}=0.0079$,故可以认为模型糙率基本相似。模型模拟了第一、二级承船厢内净尺寸、第一级中间渠道通航明渠、通航隧洞和渡槽,全长约 56m,模型布置见图 2-3-29。

试验船型为 500t 机动驳,主尺度为:55m×10.8m×1.6m(长×宽×吃水),方形系数为 0.791,船舶舯剖面系数为 0.98。船模按重力相似准则设计,比尺与物理模型一致,试验航速(原体值)分别为 0.4m/s、0.6m/s、0.8m/s、1.0m/s、1.2m/s 和 1.4m/s。

试验方法和设备基本与龙滩试验的一致。由于最小试验航速为较小,仅为 0.4m/s,为消除船模阻力试验时层流边界层的影响,使船模四周的流态与原型相似,试验在 500t 机动驳第 $19\frac{1}{2}$ 站和 $18\frac{1}{2}$ 站安装了 2 根 $\phi1.3$mm 的激流丝。

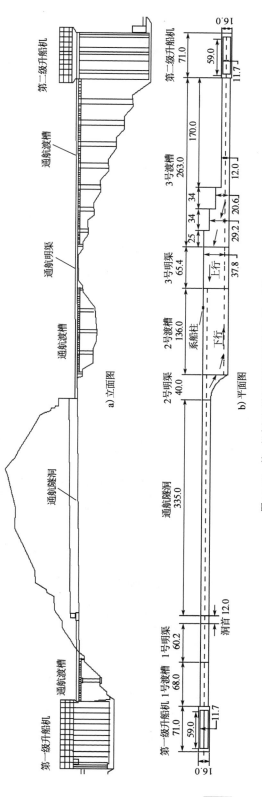

图2-3-27　第一级中间渠道立面和平面示意图（尺寸单位：m）

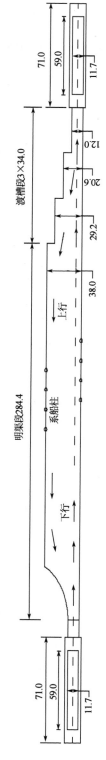

图2-3-28　第二级中间渠道平面示意图(尺寸单位：m)

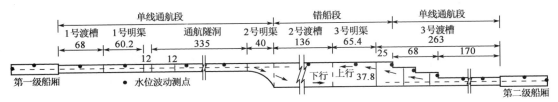

图 2-3-29　模型平面布置示意图(尺寸单位:m)

3.5.4　第一级中间渠道设计方案的试验

1)航行水力特性分析

(1)船舶进出通航隧洞的单线通航段

船舶进出通航隧洞的单线通航段时,船体推水,由于渠道断面系数小,500t 船舶两侧富裕宽度仅 0.6m,船周回水慢,船首前水位逐渐涌高,船首上翘,船尾后水位下降,形成水位差,船尾下沉;当船舶停止后,回流水体在渠道两端船厢壁及直角阶梯形的渡槽壁产生发射,形成震荡的波流运动,对渡槽结构产生一定的作用力,并在错船段下端的直角阶梯形渡槽处产生旋流和横流,对船舶航行和停泊安全构成不利影响(图 2-3-30);当航速增大一定时,渠道中出现横波(图 2-3-31),横波波幅随航速增大而增大,渠道中横波的出现,对船舶航态、升沉、停泊条件及渡槽结构产生较大不利影响,因此应控制船舶在中间渠道中航速,以避免横波的产生。

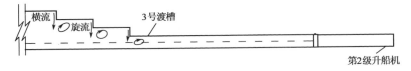

图 2-3-30　旋流和横流示意图

a)　　　　　　　　　　　　　　　　b)

图 2-3-31　中间渠道内的横波

当船舶以航速大于或等于 1.0m/s 在 12m 宽的单线通航段航行时,牵引船模在有钢丝导航的条件下仍会不断碰隧洞和渡槽边壁,当航速降低至 0.8m/s 及以下时,牵引基本不碰,但自航船模极易碰擦边壁。

船舶停航后,因水体惯性而在渠道内产生的最大瞬时纵向流速见表 2-3-20。从中可以看出,船舶上行进通航隧洞时的最大出流速大于进流速;船舶下行出通航隧洞时的最大进流速大于出流速。而船舶出通航隧洞的最大进流速要大于船舶进时的最大出流速,因此,也可分析出船舶驶出通航隧洞时所产生的水位波动要大。

船舶进出通航隧洞后,渠道内的最大瞬时纵向流速(单位:m/s)　　　　表 2-3-20

工　　况	航　　速	最大进流流速	最大出流流速
船舶上行驶进通航隧洞	1.0	0.16	0.23
	1.2	0.24	0.29
	1.4	0.29	0.40
	1.6	0.42	0.56
船舶下行驶出通航隧洞	1.0	0.21	0.20
	1.2	0.73	0.46
	1.4	1.20	0.49

注:最大进流速指水流流向第一级船厢,最大出流流速指水流流向错船段。

(2)船舶进出 3 号渡槽的单线通航段

船舶进出 3 号渡槽的单线通航段时,由于 3 号渡槽段比通航隧洞短,船舶航行阻力、下沉量和水位波动比进出通航隧洞小;在直角阶梯形渡槽处产生的旋流和横流强度不大。

(3)航行水力要素分析

船舶航速增大,航行阻力、下沉量以及水位波动均增大,而船舶进出第一、二级船厢过程中的航行阻力和下沉量并不相同,其大小关系为:船舶从第一级船厢驶出隧洞>船舶从第二级船厢驶出 3 号渡槽>船舶经隧洞驶进第一级船厢>船舶经 3 号渡槽驶进第二级船厢,因此单线渠道的尺度确定应以船舶驶出通航隧洞为控制工况。当航速大于 1.0m/s,船舶驶出船厢时,航行阻力和航行下沉量急剧增大,从航行水力条件来衡量,船舶驶出航速应小于 1.0m/s,参见图 2-2-32。

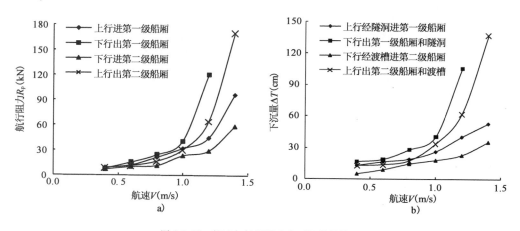

图 2-3-32　航速与航行阻力和下沉量的关系

表 2-3-21 为船舶以不同航速在第一级中间渠道中航行的最大水力要素。当船舶航速为 1.0m/s 时,最大航行阻力和下沉量分别为 40.8kN 和 40.3cm;船厢内水位最大涌高为 30.2cm,水位最大降低 52.2cm;渡槽段水位最大涌高为 16.5cm,水位最大降低 33.0cm;整个渠道内最大水流流速为 0.23m/s。

船舶航行阻力、下沉量及渠道内流速和水位波动(原型值)　　　　　表 2-3-21

航速 (m/s)	航行阻力 (kN)	航行下沉量 (cm)	渠道内流速 (m/s)	渠道内水位波动(cm)							
				承船厢		隧洞段		渡槽段		错船段	
				$+h_{max}$	$-h_{max}$	$+h_{max}$	$-h_{max}$	$+h_{max}$	$-h_{max}$	$+h_{max}$	$-h_{max}$
0.4	10.8	16.1	—	12.9	−17.0	8.4	−4.7	7.0	−6.9	6.1	−3.5
0.6	16.0	18.2	—	13.0	−20.1	8.7	−12.2	8.5	−13.8	6.4	−5.4
0.8	24.8	27.6	—	17.2	−29.4	11.1	−18.4	10.8	−22.5	6.6	−7.7
1.0	40.8	40.3	0.23	30.2	−52.2	14.9	−34.6	16.5	−33.0	10.8	−13.4
1.2	120.0	105.7	0.73	52.7	−65.5	33.5	−85.8	40.8	−69.8	16.5	−18.3
1.4	碰底	碰底	1.20	112.9	−119.1	101.0	−109.9	104.8	108.3	48.5	−55.2

2)自航船模试验

试验观测了自航船模在螺旋桨转速不变的情况下(即动力条件相同时),在单线渠道和错船段中的航速变化以及错船条件(错船段的另一侧停泊一艘 500t 船模)。

(1)相同动力条件下,自航船模从单线通航段航行至错船段后,航速明显增大,错船段的航速约为单线通航段中的 1.89～1.96 倍。这主要是因为船舶在单线航道和错船段中航行阻力不同。因此船舶由错船段出入单线通航段时,应注意适时增减船舶动力,保证航速均匀以及航行安全。

(2)构皮滩第一级中间渠道的错船段宽为 37.8 m,长为 334.4 m,满足《船闸总体设计规范》(JTJ 305—2001)[23]对导航段、调顺段和停泊段的长度要求,自航船模在错船段能顺利交会。但由于 12.0 m 宽的单线通航段较窄,以及错船段的不对称形式,船模进出单线通航段时,易岸吸或船尾碰渡槽边壁,航速越大,航向越不稳定,给驾驶员的心理压力较大,尤其 3 号渡槽采取直角阶梯形的连接方式,正面碰撞产生的危害较大,并且船舶航行在直角阶梯形渡槽段会产生回流和横流,虽然强度不大,试验中也发生过船模未能成功进出单线通航段的情况,因此 3 号渡槽的连接方式应优化,可采用斜线连接方式,而单线通航段的渠道宽度应加大。

(3)船舶在错船段的航速小于或等于 1.4m/s,错船段中另一侧停泊船舶的最大纵向和横向系缆力分别为 21.1kN 和 10.1kN,系缆条件满足有关规范要求[8]。

3.5.5　第一级中间渠道单线通航隧洞和渡槽尺度的系列试验

1)试验工况

从经济和施工角度出发,通常希望通航隧洞、渡槽和明渠的断面尺度越小越好,但单线渠道航行条件与船舶进、出闸厢是不相同的,首先船舶需保持一定航速的,其次对于通航渡槽,应严禁碰擦,因此,单线通航隧洞和渡槽中宽度应比 12 m 宽的闸厢大。将单线通航隧洞和渡槽的尺度加宽至 16m 和 18m,进行不同水深条件下的系列试验,以得到满足船舶安全航行要求的合理尺度,试验工况见表 2-3-22。

系列试验工况及特征值　　　　　　　　　　　　　　　　　　　　表 2-3-22

船型	渠道宽 B (m)	渠道水深 h (m)	渠道过水断面积 A (m²)	断面系数 A/ω	相对水深 h/T_c	相对航宽 B/B_c	产生横波的临界航速值 (m/s)
500t 机动驳	16	2.5	40	2.31	1.56	1.48	0.8
		3.0	48	2.78	1.87	1.48	1.0
		3.5	56	3.24	2.10	1.48	1.2
		4.0	64	3.70	2.50	1.48	1.4
	18	2.5	45	2.60	1.56	1.67	1.0
		3.0	54	3.12	1.87	1.67	1.2
		3.5	63	3.64	2.19	1.67	1.4

注:ω-船舶横剖面浸水面积,T_c-船舶吃水,B_c-船舶(队)宽度,B-渠道宽度,h-渠道水深,A-渠道过水断面积。

中间渠道宽 16m 时的渠道布置方案见图 2-3-33,方案将错船段和 3 号渡槽的连接方式改为斜线连接。中间渠道宽 18m 时的渠道布置方案见图 2-3-34,方案将错船段的位置移至 3 号明渠和 3 号渡槽,其宽度仍为 37.8m。这样修改基于以下几种考虑:①3 号明渠长 65.4m,3 号渡槽总长 263.0m,两者总长 328.4m,基本满足进出闸厢的直线段最小长度 330m;②该方案将 136.0m 长的 2 号渡槽由 38m 变为单线通航尺度宽,将 3 号渡槽中长约 170m 的单线尺度宽变为 38m 宽,两者工程量不致增加较大;同时错船段与单线渠道宽的连接采用斜线连接方式,可布置在 3 号通航明渠上,也不致增加施工的难度;③将错船段靠近二级升船机闸首,停泊位置也相应靠近,缩短了船舶进出第二级船厢的时间。

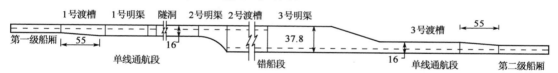

图 2-3-33　单线渠道宽为 16m 时的平面布置图(尺寸单位:m)

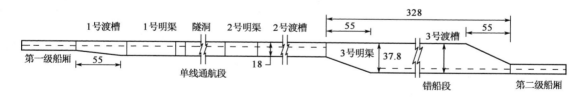

图 2-3-34　单线渠道宽为 18m 时的平面布置图(尺寸单位:m)

2)系列试验成果分析

系列方案中单线渠道的尺度加大,断面系数增加,水体从两船侧回流增多,因此航行水力条件均好于原方案,直角阶梯形渡槽壁改为斜线连接后,其对水流波动的反射明显减弱。表 2-3-23 列出了系列试验各种工况下的最大航行阻力、下沉量以及水位波动情况。

改变中间渠道的水深和宽度,船舶航行水力条件随之改变,但当渠道的断面系数相差不大时,航行水力条件也差别不大;断面系数的增加,航行阻力、船舶下沉量和水体波动减小(图2-3-35),因此,断面系数是决定渠道尺度的一个重要参数;而航速是决定渠道尺度的另一个重要参数。如上所述,船舶航速应小于在中间渠道中产生横波的临界航速,以减小船行波波态对船舶航行的影响,表2-3-22最后一列给出了系列渠道尺度条件下产生横波的临界航速值。

两个修改方案由于单线渠道尺度变宽,自航船模从错船段调顺进入单线渠道或船厢均更为方便和顺利。但当船舶在经过单线渠道段和错船段时,仍应注意航速变化,相同动力条件下,错船段的航速为单线渠道段的1.29～1.77倍,单线渠道断面系数越大,两段的航速差别越小。

船舶航行阻力、下沉量及渠道内水位波动(原型值)　　　　　　表2-3-23

渠道尺度（宽×水深）(m)	航速(m/s)	航行阻力(kN)	航行下沉量(cm)	渠道内水位波动(cm)							
				承船厢		隧洞段		渡槽段		错船段	
				$+h_{max}$	$-h_{max}$	$+h_{max}$	$-h_{max}$	$+h_{max}$	$-h_{max}$	$+h_{max}$	$-h_{max}$
16×2.5	0.6	10.4	15.7	12.5	−14.8	7.2	−10.4	9.3	−7.4	6.1	−7.4
	0.8	14.5	19.5	30.6	−17.7	12.1	−17.6	19.8	−15.6	9.5	−9.8
	1.0	30.6	28.4	31.6	−25.5	23.0	−27.2	17.6	−25.1	14.0	−12.0
	1.2	60.4	48.9	30.1	−42.9	23.1	−46.5	19.8	−38.8	9.9	−12.5
	1.4	104.4	87.2	55.3	−60.3	41.4	−90.3	41.2	−40.6	28.1	−28.7
16×3.0	0.6	8.2	12.5	10.0	−14.0	5.5	−7.5	5.7	−7.0	3.9	−3.6
	0.8	11.5	15.8	12.6	−17.1	7.8	−10.4	8.7	−9.2	4.9	−5.4
	1.0	22.4	23.4	18.7	−14.3	9.5	−21.6	14.5	−12.3	8.0	−6.9
	1.2	30.8	33.7	23.3	−34.4	13.6	−27.5	11.4	−21.8	10.2	−7.6
	1.4	43.8	44.8	30.1	−35.5	22.2	−33.9	16.0	−32.9	17.9	−11.7
16×3.5	0.8	10.4	14.3	20.0	−15.6	11.9	−8.7	11.8	−6.9	5.5	−5.0
	1.0	14.8	20.3	21.3	−21.5	9.3	−17.0	10.0	−10.1	6.2	−5.5
	1.2	20.5	26.0	20.9	−21.7	11.2	−18.5	11.1	−12.5	6.7	−7.5
	1.4	29.8	34.8	28.6	−30.6	15.4	−27.9	15.3	−26.1	11.8	−9.5
	1.6	33.6	51.8	37.2	−39.6	23.3	−47.6	19.1	−30.3	16.3	−13.9
16×4.0	1.0	8.8	17.5	8.4	−24.3	3.8	−9.7	3.6	−9.8	2.9	−6.3
	1.2	13.2	21.0	11.8	−18.8	8.1	−12.3	6.9	−8.8	5.3	−5.3
	1.4	20.4	28.8	14.1	−15.1	8.9	−22.4	8.2	−14.0	5.2	−5.8
	1.6	26.2	38.8	20.7	−16.2	17.5	−28.1	14.8	−19.4	11.9	−6.0
18×2.5	0.6	9.6	15.6	8.0	−11.4	7.3	−10.0	6.5	−9.1	5.7	−1.9
	0.8	15.4	17.9	11.3	−15.5	8.9	−11.7	7.2	−10.7	5.0	−4.6
	1.0	35.8	24.8	15.9	−18.6	11.4	−20.8	12.0	−12.1	5.4	−7.5
	1.2	32.2	35.8	20.3	−23.5	14.9	−28.7	15.7	−24.8	6.9	−8.8
	1.4	50.0	46.8	36.9	−35.9	20.7	−43.1	24.6	−41.8	12.1	−14.3

续上表

渠道尺度 （宽×水深） （m）	航速 （m/s）	航行阻力 （kN）	航行 下沉量 （cm）	渠道内水位波动（cm）							
				承船厢		隧洞段		渡槽段		错船段	
				$+h_{max}$	$-h_{max}$	$+h_{max}$	$-h_{max}$	$+h_{max}$	$-h_{max}$	$+h_{max}$	$-h_{max}$
18×3.0	0.8	11.6	13.6	12.2	−19.3	8.6	−8.6	7.1	−9.3	7.1	−3.9
	1.0	15.6	21.0	18.3	−18.6	11.7	−11.7	16.6	−12.4	16.6	−6.0
	1.2	22.6	24.0	19.7	−21.1	11.2	−17.6	10.8	−15.4	6.1	−7.4
	1.4	31.5	35.8	23.0	−31.0	12.7	−24.2	14.1	−21.9	8.2	−7.4
	1.6	38.4	56.8	26.6	−34.8	14.9	−35.5	17.6	−33.2	11.2	−9.7
18×3.5	1.0	10.1	18.6	11.6	−15.0	6.0	−10.0	7.1	−10.0	4.1	−5.8
	1.2	15.2	21.2	18.9	−19.2	13.7	−15.0	15.9	−10.8	6.0	−5.9
	1.4	21.4	30.6	14.2	−30.9	8.4	−17.6	9.3	−15.7	6.7	−5.7
	1.6	39.8	40.8	18.2	−31.3	12.9	−21.2	13.2	−21.0	7.2	−8.7

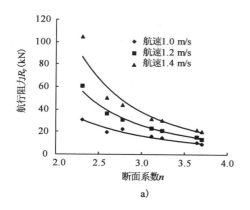
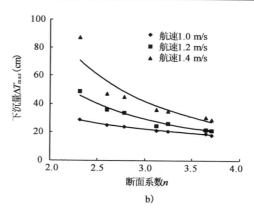

图 2-3-35　航行阻力和下沉量与断面系数的关系

3.5.6　单线中间渠道的参考尺度

中间渠道尺度包括渠道宽度、水深和断面系数三个方面，由于渠道尺度与航行速度有很大关系，对于不同的航速应对应不同的尺度。综合系列试验成果，考虑航行阻力、船尾下沉和水位波动三个方面，提出了航速分别为 1.0m/s、1.2m/s 和 1.4m/s 时对应的单线中间渠道参考尺度及相应的航行水力特征值（表 2-3-24），以供设计参考。对于本工程第一级中间渠道的布置，为确保渡槽安全，建议采用单线渠道宽为 18.0 m 时的布置方案。

单线通航渠道参考尺度 表 2-3-24

航速 （m/s）	最小断面 系数	对应最小断面系数的渠道 底宽（m）×水深（m）	船舶下沉量 （cm）	渠道内水位壅高 （cm）	渠道内水位降低 （cm）	航行阻力 （kN）
1.0	≥2.8	16×3.0 或 18×2.5	24.8	14.5	−21.6	22.4
1.2	≥3.3	16×3.5 或 18×3.0	26.0	11.2	−18.5	20.5
1.4	≥3.7	16×4.0 或 18×3.5	30.6	10.2	−22.4	20.4

注：①对应的两种渠宽和水深可根据实际工程选择；
　　②船舶下沉量、渠道内水位壅高和降低以及航行阻力均为最大试验值。

3.5.7 第二级中间渠道船舶通航条件分析

第二级中间渠道总长 386.4 m,约为 7 倍船长,满足船舶错船所需要的长度,船舶在其中的航行条件为进出船厢过程中的交错航行条件,根据本章 3.2 节和 3.3 节的研究结论,第二级中间渠道宽度为 38m,满足要求,同时建议将 102m 长的渡槽段修改为与明渠同宽,并采用斜线方式与第三级升船机上闸首连接。

3.5.8 结论与建议

(1)单线中间渠道(含通航隧洞和渡槽)尺度的确定应综合考虑船舶航速、航行阻力、船舶下沉量和水位波动等方面,渠道内应避免出现横波。

(2)第一级中间渠道原设计方案单线渠道宽度 12m,水深 3.0m,断面系数 2.08,难以满足船舶安全航行要求,建议采用 18m 渠宽方案,断面系数约为 3.7,同时错船段下移,单线渠道与错船段采用斜线连接方式(图 2-3-34)。

(3)相同船舶动力情况下,船舶在单线渠道和错船段中的航速将发生较大变化,实船航行时应注意适时增减船舶动力,保证航行安全。

(4)系列试验得到不同航速条件下 IV 级单线渠道的参考尺度(最小尺度要求)见表 2-3-24,当航速为 1.4m/s 时,最小断面系数为 3.7,同时单线通航渡槽宽度应不小于 16m。

(5)第二级中间渠道尺度满足船舶安全错船要求,建议将 102m 长的渡槽段修改为与明渠同宽,并采用斜线方式与第三级升船机上闸首连接。

3.6 升船机中间渠道尺度的确定原则

通过对上述试验成果和中间渠道特点的分析总结,提出升船机中间渠道尺度的确定原则:

(1)升船机中间渠道的尺度应确保船舶的航行安全和满足通过能力的要求,同时应经济、合理;

(2)中间渠道尺度的确定,应综合考虑航速、水深、船行波、航行阻力、船舶下沉量以及航行漂角等因素,应使船舶达到合理的航速,降低航运成本;

(3)预测通航枢纽货运量,根据通航建筑物通过能力的要求,并结合工程地形、地貌条件,选择经济合理的中间渠道通航方式,如双向通航、单向通航以及单向通航渠道中设双向错船段的方式等;

(4)对于双线中间渠道尺度,根据不同航速,分 A、B、C 三类来确定尺度,其中 A 类航速 V 大于 1.5~3.0m/s,断面系数 n 应不小于 6,水深吃水比应不小于 1.5;B 类航速小于或等于 1.5m/s,断面系数 n 应不小于 4.5,水深吃水比应不小于 1.38;C 类航速 V 小于或等于 0.7m/s,断面系数 n 应不小于 3.6,水深吃水比应不小于 1.38;

(5)对于单线中间渠道尺度,船舶航速应小于 1.5m/s,渠道断面系数应在 4 左右;

(6)当渠道最小尺度不能满足(4)、(5)点的要求时,应进行试验论证;

(7)升船机下游为中间渠道时,不宜选用船厢出、入水方案。

3.7　小　　结

结合龙滩和构皮滩升船机中间渠道工程实例和概化物理模型,采用遥控自航和牵引船模,系统研究了Ⅳ、Ⅴ级航道中间渠道(含通航渡槽和通航隧洞)的断面尺度、断面系数、航速、航行阻力、船舶下沉量以及航行漂角等变量的相互关系,根据不同的航速要求,将中间渠道分类,并提出了相应渠道类型的最小断面系数以及渠道尺度的确定原则,可为类似工程的设计提供参考和借鉴,由于成果主要通过试验得到,建议加强对工程实践的原型观测,以验证成果的合理性。

本章参考文献

[1] 李焱,郑宝友,孟祥玮.龙滩升船机中间渠道和渡槽通航条件模型试验研究报告[R].天津:交通部天津水运工程科研所,2005.

[2] 李焱,郑宝友,于宝海,等.龙滩升船机中间渠道通航条件试验[J].水道港口,2006,27(2):89-94.

[3] 王育林,李一兵,等.船模航行试验技术在航道工程中的应用[J].水道港口,1997(4):8-14.

[4] 中华人民共和国行业标准.JTJ/T 232—98　内河航道与港口水流泥沙模拟技术规程[S].北京:人民交通出版社,1998.

[5] 李一兵,王育林.船模航行试验在水运工程研究中的应用[J].水道港口,2004,4(增刊):8-13.

[6] 交通部长江航务管理局.顶推船队船模的操纵性尺度效应[R].武汉:交通部长江航务管理局,1985.

[7] я.и.沃伊特昆斯基.船舶阻力[M].顾懋祥,邓三瑞译.北京:科学出版社,1977.

[8] 中华人民共和国行业标准.JTJ 306—2001　船闸输水系统设计规范[S].北京:人民交通出版社,2001.

[9] 李焱,郑宝友,周华兴.升船机中间渠道通航条件试验研究报告[R].天津:交通部天津水运工程科研所,2005.

[10] 李焱,郑宝友,周华兴.升船机中间渠道的航行水力特性和尺度试验研究[J].水利水运工程学报,2007(2):23-29.

[11] 王水田.关于船行波问题的研究[J].水道港口,1980(4):21-37.

[12] 王水田.关于船行波问题的研究[J].水道港口,1981(1):9-16.

[13] 王水田.关于船行波问题的研究[J].水道港口,1981(2~3):21-32.

[14] 乔文荃,等.苏南运河船行波试验研究[R].南京:南京水利科学研究院,1993.

[15] 蔡志长.渠化工程学[M].第2版.北京:人民交通出版社,1990.

[16] 长江航道局.航道工程手册[M].北京:人民交通出版社,2004.

[17] 郑宝友,周华兴,李焱.限制性航道船周回流速度与船体下沉研究[J].水道港口,2006,

27(2):95-100.

[18] 汪懋先. 船舶在航道中的下沉和阻力[J]. 水运工程,1980(6):32-36.

[19] 上海船舶运输科学研究所. 穿黄渡槽通航性能初步模型试验[R]. 上海:上海船舶运输科学研究所,1979.

[20] 陈宏. 狭水道浅水域航行富余水深的确定[J]. 集美大学学报:自然科学版,2009, 14(6):48-51.

[21] 吴澎,曹凤帅,严庆新. 船舶航行下沉量计算方法对比分析[J]. 中国港湾建设,2010(增刊1):38-41.

[22] 中华人民共和国国家标准. GB 50139—2004 内河通航标准[S]. 北京:中国计划出版社,2004.

[23] 中华人民共和国行业标准. JTJ 305—2001 船闸总体设计规范[S]. 北京:人民交通出版社,2001.

[24] 孙精石. 从《内河通航标准》看某些特殊限制性航道宽度的确定[J]. 水道港口,2006, 27(5):300-305.

[25] 孙精石. 从《内河通航标准》看某些特殊限制性航道水深的确定[J]. 水道港口,2006, 27(6):373-377.

[26] 李焱,刘红华,迟杰,等. 升船机船厢出入水中间渠道内水力特性试验[J]. 水道港口, 2007,28(1):38-43.

[27] 黄素新. 岩滩水电站 1×250 t 级垂直升船机总体设计[J]. 红水河,1999(4):5-12.

[28] 王作高. 船闸设计[M]. 北京:水利电力出版社,1992.

[29] 李焱,周华兴. 构皮滩三级升船机中间渠道(含渡槽、隧洞)通航条件物理模型试验研究报告[R]. 天津:交通部天津水运工程科研所,2009.

[30] 李焱,郑宝友,周华兴. 构皮滩升船机中间渠道通航隧洞和渡槽的尺度研究[J]. 水道港口,2012,33(1):45-49.

第4章　船舶进出船厢水力特性试验及船厢尺度的研究[1-2]

船舶进出船厢水力学试验是升船机水动力学研究的重要内容之一，是升船机承船厢尺度确定的依据。承船厢在设计时，为了减少运载水重荷载，节约结构材料，降低机械功率等因素，其断面系数通常比船闸小些。对于承船厢尺度的确定目前还没有统一的设计规范作为依据，采用自航遥控船模和牵引船模相结合的方法，对1顶500t船队在不同的船厢尺度，以不同航速进出船厢时的水力特性关系进行了系列研究，同时参考国内其他研究成果和工程情况，初步提出承船厢尺度确定的原则。

4.1　试　验　条　件

4.1.1　船厢有效尺度与船队尺度

船厢有效尺度设定的基本依据为龙滩升船机船厢的设计尺度：70m×12.0m×2.2m（长×宽×水深），在此基础上进行水深和宽度的变化（表2-4-1）。模型设计时考虑实际船厢长度为80m（为船厢有效长度加上两端卧倒门和富裕长度），并加上闸首长度17.0m，闸首宽度为12m（图2-4-1）。船型为1顶500t船队，船队尺度为：66m×10.8m×1.6m（总长×宽×吃水）。

1顶500t船队进出船厢试验组次及特征值　　　　表2-4-1

序号	船厢有效尺度 （长×宽×水深） （m）	断面系数	富裕水深 Δh （m）	水深吃水比 h/T_c	总富裕宽度 B_f （m）
1	70×12.0×2.0	1.39	0.4	1.25	1.2
2	70×12.0×2.2	1.53	0.6	1.38	1.2
3	70×12.0×2.5	1.74	0.9	1.56	1.2
4	70×12.0×2.9	2.01	1.3	1.81	1.2
5	70×11.4×2.2	1.45	0.6	1.38	0.6
6	70×12.0×2.2	1.53	0.6	1.38	1.2
7	70×13.0×2.2	1.66	0.6	1.38	2.2

注：1～4考虑宽度不变，变水深；5～6考虑水深不变，变宽度。

4.1.2　船舶进出船厢速度的设定

由于船队进出船厢存在一个减速与加速过程,故选择船队在渠道中的航速作为参数,渠道宽 36m。牵引试验的航速 V_0 为:0.3m/s、0.5m/s、0.7m/s、1.0m/s、1.2m/s、1.5m/s。牵引试验变速进厢过程设定为:船模以航速 V_0 匀速进厢至半倍船长进入口门后,开始匀减速,至距端部 5m 处停止;变速出厢过程为:船模以匀加速至半倍船长出入口门后,以航速 V_0 匀速运动。

自航船模在渠道中的航速为 0.5m/s、0.7m/s、1.0m/s、1.2m/s、1.5m/s、2.0m/s,船队进出厢时,调整好相应航速时螺旋桨的转速,并保持恒定。

4.2　模 型 概 况

模型比尺为 1∶20,承船厢两侧和底板用塑料板制作,一侧壁的塑料板可调,以改变船厢的宽度,船厢塑料底板和立板用四氢呋喃粘连,并在接头处用玻璃胶密封,保证两侧水不对流;渠道长约 600m(原体值),宽度 36m,船厢与渠道为不对称形式,模型平面布置见图 2-4-1。

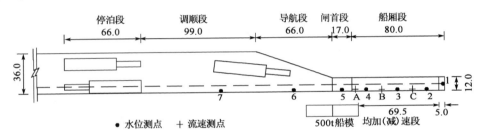

图 2-4-1　模型平面布置图(尺寸单位:m)

4.3　水 力 参 量 的 测 量

船舶(队)进出船厢的水力参量包括水位波动、回流流速、航行阻力、升沉等。水位和流速测点布置见图 2-4-1。阻力测量采用牵引方式,将力传感器固定于船模重心位置,船模的纵向和垂向运动不受约束,能自由地升沉和纵倾。自航试验由于螺旋桨转速不变,推力在船队进出船厢的过程中基本不变,只是航速改变,因此可得到船队进出船厢过程中航速的变化。船舶(队)升沉在驳船艏和艉分别设置一个超声波水位传感器进行测量;自航船模航速变化情况通过计算机程序记录船舶经过固定距离(模型 0.5m)的时间计算得到。

船(舶)队进出的船厢平均速度 $\overline{V}$ 是衡量升船机通过能力的一个重要指标。自航船模航速变化通过计算机程序记录的航速过程线来计算,匀变速牵引时的厢内平均航速的计算过程为:从船首进入闸首口门到停船为止,共航行了 92m,其中匀速段 $S_1 = 22.5$m,时间设为 t_1,变速段 $S_2 = 69.5$m,时间设为 t_2,则 $\overline{V} = \dfrac{S_1 + S_2}{t_1 + t_2} = 0.5696V_0$ 。

4.4　试验成果及分析

4.4.1　船舶进出船厢的水力现象

船队进入船厢时,船首前水体向船厢内涌进,厢内水位逐渐涌高,而船尾水位下降,形成船前后水位差,使船侧和船底产生反向水流,船随之纵倾和下沉;当船前后水位差与过流能力平衡时,船前水位不会再增高,当船只停止后,因厢内外水体的惯性波动使厢中水面降低,但船尾水体与渠道相通,有渠道的水体补充,水位下降较小,故船尾下沉也小。船队出厢时,船前水体与渠道相连,船首前水位涌高较小,而船尾水域小,补水量不足,水位下降比较明显,故船尾下沉较大,当船舶完全出厢后,渠道中的水体向厢内补水,厢中水面升高。

4.4.2　航速和船厢尺度、水深及水力特性关系

(1)对于自航试验,保持推力不变的情况下,进厢后由于断面系数突然减小,阻力增大,航速逐渐变小;而出厢时,航速逐渐增大,船尾出口门后,航速基本达到率定好的航速(图2-4-2)。

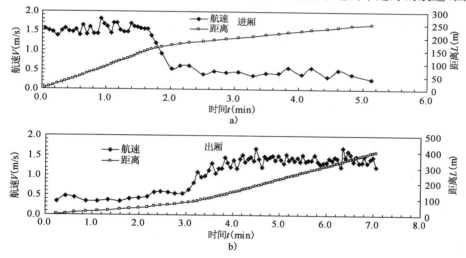

图 2-4-2　自航船模进出厢航速变化过程线

(2)两种试验方法的不同现象为:自航试验当进出厢的航速较小时,船首的下沉要大于船尾,增大航速,艉沉大于艏沉;而牵引试验,不同航速下艉沉均大于艏沉;自航试验由于进出厢的速度随阻力变化而变化,不同的断面系数,厢内的平均航速不同,断面系数大,厢内的平均航速也大,因此,自航试验所得水力要素随船厢尺度变化的规律性关系不明确,而牵引试验的规律性较好。

(3)船队出厢,在厢内产生的水位最大涌高发生在船厢端部(1号水位测点),最大水位降低通常发生在出口门处(5号水位测点),进厢时的最大水位涌高发生在船厢端部,但最大水位降低发生的位置不固定,时而在端部,时而在口门。A、B、C三点的最大回流流速通常为A点最大,主要因为A点靠近船厢口门,航速较大。

(4)相同条件下,进厢时的最大水位涌高要大于出厢,而出厢时的最大水位降低要大于进厢;出厢时的阻力和艉沉均大于进厢(图2-4-3),因此,一般情况下,进出厢航速的确定取决于出厢情况,但在实际工程中,由于船舶进厢是由较宽水域进入较窄水域,而出厢则相反,为安全起见,进闸厢的速度往往小于出厢。

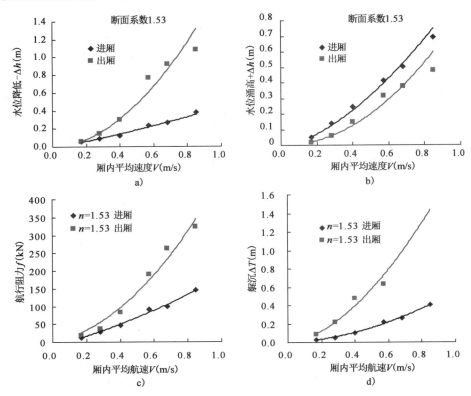

图 2-4-3　船舶进出厢的水力参数值比较

(5)最大水位涌高和降低随着进出厢的速度增加而增加;随着断面系数减小而增大,当航速较小时,断面系数的变化影响不明显(图2-4-4);船队进出厢的航行阻力和下沉量取决于船厢的断面系数和进出厢的速度,航速增加,断面系数减小,阻力和下沉量增大(图2-4-5),当航速增加到一定时,船尾发生最大下沉时,对应的船首会上抬,随后又下沉。对于牵引船模试验,进厢时的最大阻力和艉沉发生在匀速进厢至半倍船长进入口门,开始匀减速之时;出厢时的最大阻力和艉沉发生在匀加速后匀速出口门之时。

(6)船厢尺度宽12m、水深2.2m,断面系数1.53,船舶进厢时的最大水位涌高、出厢时的最大艉沉及富裕水深见表2-4-2,比较自航和牵引两种试验方法结果,进厢时的最大水位涌高相差较小,而出厢时的艉沉牵引方式要大于自航方式,主要以因为自航船模在船厢内的航速随阻力变化而变化。从表2-4-2可知,进厢的平均航速最大可取 0.6m/s,此时最大水位涌高为 0.44m,小于通常船厢的富裕高度 0.50m;出厢的平均航速不能大于 0.5m/s,否则艉易触底。

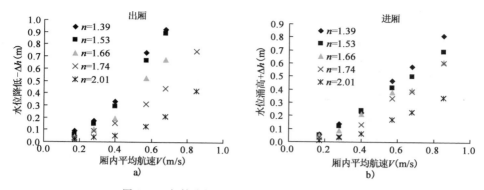

图 2-4-4　船舶进出厢水位波动与厢内平均航速的关系

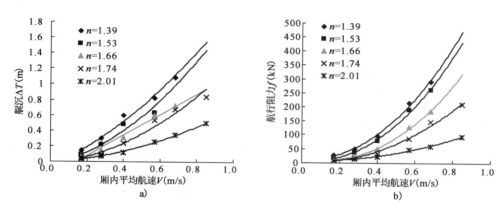

图 2-4-5　船舶出厢时的船舶艉沉和航行阻力与厢内平均航速的关系

500t 船队进厢时的最大水位涌高和出厢时的最大艉沉　　　　　　　　　　表 2-4-2

船厢有效尺度 （长×宽×水深） （m）	断面系数 ω/ω_c	厢内平均 航速 （m/s）	进厢时的最大水位涌高（m）		出厢时的最大艉沉（m）		
			自航方式	牵引方式	自航方式	牵引方式	计算值
70×12.0×2.2	1.53	0.3	0.14	0.15	0.10	0.29	0.16
		0.4	0.24	0.25	0.19	0.46	0.25
		0.5	0.35	0.35	0.33	0.58	0.35
		0.6	0.42	0.44	0.57	—	0.46
		0.7	0.55	0.60	—	—	0.58

注："—"表示试验时船尾触底。

（7）参考文献[3]通过试验资料的统计和量纲分析，导出了下沉量的经验公式（2-4-1），试验值与该公式的计算值比较，试验值偏大（表 2-4-2），可能是船型和试验方法不同等因素的原因造成的。

$$\Delta T = 7.07 \times (1/n)^{2.3} F_{rh}^{1.5} T_c \tag{2-4-1}$$

式中:ΔT——船舶下沉量(m);

      n——断面系数;

      F_{rh}——水深弗劳德数,$F_{rh} = V_0 / \sqrt{gh}$;

      V_0——船尾出厢时的航速(m/s);

      g——重力加速度(m/s²);

      h——厢中水深(m);

      T_c——船舶吃水(m)。

4.5　承船厢有效尺度分析

承船厢的有效尺度是衡量升船机规模和通过能力的重要技术参数,主要包括厢体的有效长度、宽度和水深。有效长度通常指承船厢两端防撞设施之间的净距;有效宽度指两侧护舷之间的净距;水深则是规定的理论水深。承船厢的外形尺寸是指总长、外宽和厢头高度,承船厢的总长为有效长度与两端防撞设施等至厢端的距离之和,外宽一般为船厢两侧主纵梁翼缘外侧之间的距离,合理的船厢高度是为防止船舶进厢时的水面壅高超过预留的富裕高度。

4.5.1　影响因素分析

承船厢的有效尺度取决于设计船型的外形尺寸、船舶进出船厢的方式(自航、牵引和顶推)和进出厢航速等因素。

承船厢有效长度等于设计船舶的外形长度再加上富裕长度。富裕长度的确定,主要考虑船舶进厢航速的制动距离及可能停靠距离的误差。在参考文献[4]中提到的承船厢的闸门形式(如提升式平板门、向外或向内的卧倒门等)以及防撞设施形式,则主要影响承船厢的总长。对于斜面升船机承船厢,富裕长度还需考虑厢中船舶因受船厢起(制)动时,系泊船舶前后移动的距离,这一距离与系缆绳松紧程度有关。

承船厢有效宽度为设计船舶的外形宽度和富裕宽度之和,富裕宽度主要影响厢壁安全和进出厢速度。富裕宽度的选择与船舶进闸方式、船舶性能、航行速度、操纵技术和环境等因素有关。当船舶牵引进厢,富裕宽度可以小些,自航与顶推则要求宽些。

承船厢水深等于设计船舶吃水加上船底富裕水深。确定富裕水深主要考虑船舶出厢时水面下降和船尾下沉,对于斜面升船机,还要考虑船厢起(制)动时船舶最大纵倾值。

衡量承船厢的另外一个综合指标为承船厢的断面系数。若断面系数偏小,船舶进出厢阻力和船尾下沉较大,危及航行安全。若断面系数定得太大,会增大提升重量和增加工程造价。

4.5.2　国内外升船机工程承船厢情况

随着国内高坝的建设,升船机已在高坝通航中发挥越来越重要的作用,2000 年,原交通部天津水运工程科学研究所曾经对国内外的升船机状况进行了调查研究[5],有关承船厢尺度和船舶尺度情况如表 2-4-3。承船厢有效长度(L)与船舶长度(L_c)的比值变化范围是 1.02～1.69;船厢的有效宽度(B)与船舶宽度(B_c)的比值范围为 1.05～1.33;船厢有效水深(h)与船舶吃水(T_c)的比值变化范围为:1.13～1.65;船厢的 n 断面系数变化范围为 1.27～1.83。

承船厢尺度与船舶尺度一览表　　　表2-4-3

升船机名称	船舶吨位（t）	承船厢有效尺寸			船舶（队）尺寸			L/L_c	B/B_c	h/T_c	n
		L	B	h	L_c	B_c	T_c				
丹江口	150	24.0	10.7	0.90	19.10	8.90	0.66	1.26	1.20	1.36	1.64
水口	2×500	114.0	12.0	2.50	109.0	10.8	1.60	1.05	1.11	1.56	1.74
岩滩	250	40.0	10.8	1.80	37.0	9.0	1.27	1.08	1.20	1.42	1.70
隔河岩	300	42.0	10.2	1.70	35.0	9.20	1.30	1.20	1.11	1.31	1.45
新安江	300	37.0	9.50	1.70	35.0	8.50	1.50	1.06	1.12	1.13	1.27
大化	250	40.7	10.5	1.80	37.0	9.33	1.27	1.10	1.13	1.42	1.60
思林	500	52.0	11.8	2.5	45.0	10.8	1.60	1.16	1.09	1.56	1.71
祐溪	300	51.6	11.2	1.50	45.0	10.0	1.10	1.15	1.12	1.36	1.53
三峡	3000	120.0	18.0	3.50	84.5	17.2	2.65	1.42	1.05	1.32	1.38
高坝洲	300	42.0	10.2	1.70	35.0	9.20	1.30	1.20	1.11	1.31	1.45
向家坝（设计方案）	2×500	114.0	12.0	2.50	112.0	10.8	1.60	1.02	1.11	1.56	1.74
龙滩（设计方案）	500	70.0	12.0	2.20	67.5	10.8	1.60	1.04	1.11	1.38	1.53
构皮滩（设计方案）	500	59.0	11.7	2.50	55.0	10.8	1.60	1.07	1.08	1.56	1.69
百色（设计方案）	2×500	114.0	12.0	3.3	111.0	10.8	2.0	1.03	1.11	1.65	1.83
	1000	114.0	12.0	3.3	67.5	10.8	2.4	1.69	1.11	1.38	1.53
德国尼德芬诺	1000	85.0	12.0	2.5	80.0	10.5	1.60	1.06	1.14	1.56	1.79
德国罗登基	1000	85.0	12.0	2.5	80.0	9.0	2.00	1.06	1.33	1.25	1.67
德国新亨利兴堡	1350	90.0	12.0	3.0	80.0	9.5	2.50	1.13	1.26	1.20	1.52
德国吕内堡	1350	100.0	12.0	3.5	80.0	9.5	2.50	1.25	1.26	1.40	1.77
比利时隆库尔	1350	91.0	12.0	3.5	80.0	9.5	2.50	1.14	1.26	1.40	1.52
斯特雷比	1350	112.0	12.0	3.35	80.0	9.5	2.50	1.40	1.26	1.34	1.69
法国阿尔兹维累	350	42.9	5.5		38.5	4.90	2.2	1.11	1.12	1.36	1.53
比利时斯特勒比—布拉克里	1350	112.0	12.0	3.5	80.0	9.5	2.5	1.40	1.26	1.40	1.77
	2000	112.0	12.0	4.3	76.0	11.4	3.0	1.47	1.05	1.43	1.51
变化范围	—	—	—	—	—	—	—	1.02~1.69	1.05~1.33	1.13~1.65	1.27~1.83

4.5.3　相关研究成果

南京水利科学研究院曾对福建水口、广西岩滩和三峡垂直升船机进行了升船机水力学的试验研究；上海船舶运输科学研究所，原交通部天津水运工程科学研究所等单位采用牵引方式对船舶进出闸(厢)的水动力特性进行了试验研究[6-9],主要结论有:①阻力与航速的关系主要依赖于闸室的断面系数,在断面系数相同时,改变水深与宽度比对阻力影响很小,增加水深略有好处,对改善流动性能有利;②匀速进闸厢的阻力和艉沉要大大高于变速进出闸厢,而实际船舶进出闸(厢)时是做不规则的减速(进闸)和加速(出闸)运动,因此不可能达到匀速进出闸的阻力和艉下沉;出闸(厢)的阻力和艉沉均要大于进闸(厢);③文中认为船厢最小断面系数 n 值不宜小于 1.4,否则在出厢时易触底。

船厢尺度的确定,与进出船厢的航速有关,有关研究情况如下:

天津大学和中科院水电科学研究所于 1959 年分别对三峡升船机进行了试验:模型比尺为 1:50,船厢有效尺寸 280m×31m×4.5m(长×宽×水深,下同),船厢超高 0.5m。对于船型 4×3000t(长×宽×吃水;168m×28.8m×3.8m,下同),断面系数为 1.28,天津大学的试验结果为:水面超高不超过 0.5m,容许进厢船速 0.35m/s;出厢碰底船速 0.5m/s,容许出厢船速 0.30m/s;中科院水电科学研究所的试验成果为:水面超高不超过 0.5m,容许进厢船速 0.4m/s;容许出厢船速 0.3m/s。对于船型 2×5000t(210m×17.5m×4m),断面系数 1.99,天津大学的试验结果为:容许进厢船速 1.0m/s,出厢碰底船速 0.9m/s,容许出厢船速 0.7m/s。对于船型 1×9000t(137m×22.6m×4m),断面系数 1.54,中科院水电科学研究所的试验结果为:容许进厢船速 0.9m/s;出厢不碰底船速 0.85m/s。

中科院水电科学研究所于 1959 年对丹江口升船机进行了试验:模型比尺为 1:19.4,船厢有效尺寸 53m×12m×1.5m,船厢超高 0.5m,船型 1×300t(42.1m×10m×1.1m),断面系数为 1.64,试验结果为:容许进厢船速 0.9m/s;出厢船速 0.6m/s。

南京水利科学研究院于 1964 年对拓溪斜面升船机进行了试验:模型比尺为 1:20,船厢有效尺寸 51.6m×11.2m×1.8m,船厢超高 0.3m,船型 1×300t(42.1m×10m×1.1m),断面系数 1.53,试验结果为:出厢不碰底船速 0.25m/s,进厢船速 0.25m/s,最大水面超高 0.32m。1996 年对岩滩升船机进行了整体模型试验,模型比尺为 1:10,船厢尺度 40.0m×10.8m×1.8m,船型 250t(37m×9.33m×1.27m),断面系数 1.4,试验建议船舶进出厢的速度在 0.5m/s 以下。

20 世纪 80 年代,上海交通大学和南京水利科学研究院重新对三峡升船机方案进行了研究。船厢有效尺寸 120m×18m×3.5m,船型 3000t 客轮(84.5m×17.2m×2.6m),断面系数 1.4。上海交通大学的试验结果为:当船厢水深为 3.5m,船速为 0.6m/s 时,船舶进出承船厢的富裕水深分别为 0.76m 和 0.67m;当厢内水深为 3.25m,船速为 0.6m/s 时,进厢时富裕水深 0.54m,出厢时为 0.41m。报告建议,船舶进出船厢船速取 0.5m/s,不得超过 0.7m/s。南京水利科学研究院的试验结果为:进厢船速 0.6m/s 时,厢端水面雍高 0.24m;进厢船速 0.86m/s 时,厢端水面高 0.439m;出厢船速 0.5m/s 时,艉下沉量为 0.134m;出厢船速 0.8m/s 时,艉下沉量为 0.318m;出厢船速 1.0m/s 时,艉下沉量为 0.477 m。从上述两家模型试验数据可认为,当断面系数 $n=1.4$ 时,进出船厢船速取 0.5m/s 是适宜的。

1986 年,交通部上海船舶运输科学研究所对广西大化升船机进行了研究,船厢有效尺寸 40.6m×10.5m×1.8m,船型 250t 级(37m×9.33m×1.27m),断面系数 1.6,试验成果为:当进厢船速 0.5m/s 时,厢端水面雍高 0.38m;当出厢船速 0.5m/s 时,艉下沉量为 0.102m;当进厢船速 0.3m/s 时,厢端水面雍高 0.13m;当出厢船速 0.3m/s 时,艉下沉量为 0.05~0.06m,大化原规划升船机方案系钢丝绳悬吊式,无事故锁定装置,推荐进出船厢速度用 0.3m/s 为宜。

4.5.4　分析

分析上述资料可知:①升船机最大通航船型吨位达 3000t,小型船舶吨位 250～300t;②承船厢断面系数最大为 1.83,最小为 1.27,一般在 1.4～1.65;③将不同的断面系数下推荐的进出厢航速点绘出关系图 2-4-6,从图看出,出厢的速度普遍低于进厢,但点子比较离散,比如,对于断面系数 1.4～1.65,不同工程试验推荐的进出厢航速不同(平均进厢航速为 0.59m/s,平均出厢航速为 0.5m/s),这是因为船舶(队)进出船厢允许航速不仅与断面系数有关,还与船厢的断面形式[4]、长度方向的形状以及船厢升降系统的安全构造有关,因此具体工程还应具体分析。

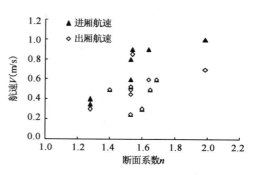

图 2-4-6　断面系数与进出厢航速关系

4.6　承船厢尺度的确定原则

(1)承船厢的断面尺度除应考虑到设计工艺等问题外,对船舶进出船厢时产生不利的水力条件,应引起高度重视,选择船厢断面尺度时应确保安全并满足通过能力的要求。

(2)确定船厢尺度应考虑以下几个方面:船舶的超高、船底富裕水深、船厢富裕长度和宽度以及航行阻力;影响因素主要包括通航船型、船舶进出船厢方式、进出厢航速大小、船舶性能、驾引人员操作技术以及机电设备能力等,建议船厢的断面系数不宜小于 1.5。

(3)确定船厢的超高应考虑船舶进出厢时的水位涌高值及船厢起、制动时产生的水面波动;如船厢超高值为 0.5m,则进厢的航速不宜大于 0.6m/s。

(4)应避免发生太大的艉沉,尤其是要保证出厢时的富裕水深,以防止触底事故,建议船舶出厢时平均航速宜控制在 0.5m/s 以内。

(5)选择合理的船厢断面尺度时,要求进出船厢的速度及速度的控制方式应不致产生过大的阻力。

4.7　小　　结

(1)船舶进出厢的航行阻力和下沉量取决于船厢断面系数和进出厢的速度;断面系数减小,阻力和下沉量增大;航速增加,阻力和下沉量也增大,出厢的阻力和艉沉要大于进厢。

(2)船舶进厢,在厢内产生的水位最大涌高发生在船厢端部;经自航与牵引两种方式的比较,自航进出厢的水面涌高与降低以及艉沉比牵引小,因此用牵引的数据是偏于安全的。

(3)初步提出了承船厢尺度的确定原则,建议船厢的断面系数不宜小于 1.5,船舶进厢时,厢内平均航速不宜大于 0.6m/s,出厢时平均航速宜控制在 0.5m/s 以内。

本章参考文献

[1] 李焱,郑宝友,周华兴.升船机中间渠道通航条件试验研究报告[R].天津:交通部天津水运工程科研所,2005.

[2] 李焱,迟杰,刘红华,等.船舶进出承船厢水力特性试验[J].水道港口,2006,27(5):317-321.

[3] 包纲鉴.船舶行驶在船厢中最大下沉量的确定[J].水利水运科学研究,1991(3):279-282.

[4] 周华兴.升船机承船厢有效尺度的分析[J].水道港口,2004(4):42-45.

[5] 孙精石,等.关于升船机的调查研究报告[R].天津:交通部天津水运工程科研所,2000.

[6] 包纲鉴,等.广西岩滩升船机整体模型试验研究总报告(水动力学部分)[R].南京:南京水利科学研究院,1996.

[7] 张国雄,钱徐涛,等.船闸闸室和升船机承船厢断面系数的模型试验研究[R].上海:交通部上海船舶运输科学研究所,1982.

[8] 杜国仁,等.船闸闸室断面系数试验研究报告[R].天津:交通部天津水运工程科研所,1980.

[9] 周华兴.船舶进、出闸室(或船厢)速度的商榷[J].水道港口,2001,22(1):14-17.

索　引